智慧灌区建设与技术应用
——以安吉赋石水库灌区为例

石 峰 著

张仁贡 主审

中国水利水电出版社
www.waterpub.com.cn
·北京·

内 容 提 要

本书以浙江省安吉县赋石灌区为例，对赋石灌区的标准化、信息化和智慧化的建设经验进行总结和提炼。

主要内容包括安吉赋石灌区的发展历程和概况、标准化建设、信息化升级和改造、数字灌区建设等。标准化建设是现代化灌区建设的基础，在赋石灌区标准化建设的基础上，开展了信息化升级和改造，包括感知体系建设、网络建设、自动化建设等"补短板"建设，为之后的智慧灌区建设打下了良好的基础。以智慧灌区为目标的现代化灌区建设，包括天空地一体化感知体系建设、数据仓建设、模型建设、数字化应用场景建设等，这是本书的核心内容。

本书适合于对灌区现代化建设有兴趣的读者、对水利智慧灌区有研究的同行、水利专业大学生及研究生等对象阅读。

图书在版编目（CIP）数据

智慧灌区建设与技术应用 ： 以安吉赋石水库灌区为例 / 石峰著. -- 北京 ： 中国水利水电出版社，2022.5
ISBN 978-7-5226-0749-8

Ⅰ. ①智… Ⅱ. ①石… Ⅲ. ①信息技术－应用－灌区－节约用水－研究－安吉县 Ⅳ. ①S274

中国版本图书馆CIP数据核字(2022)第093704号

书 名	智慧灌区建设与技术应用——以安吉赋石水库灌区为例 ZHIHUI GUANQU JIANSHE YU JISHU YINGYONG ——YI ANJI FUSHI SHUIKU GUANQU WEI LI	
作 者	石 峰 著 张仁贡 主审	
出版发行	中国水利水电出版社 （北京市海淀区玉渊潭南路 1 号 D 座　100038） 网址：www.waterpub.com.cn E - mail：sales@mwr.gov.cn 电话：(010) 68545888（营销中心）	
经 售	北京科水图书销售有限公司 电话：(010) 68545874、63202643 全国各地新华书店和相关出版物销售网点	
排 版	中国水利水电出版社微机排版中心	
印 刷	天津嘉恒印务有限公司	
规 格	184mm×260mm　16 开本　8.75 印张　213 千字	
版 次	2022 年 5 月第 1 版　2022 年 5 月第 1 次印刷	
印 数	0001—1500 册	
定 价	68.00 元	

前　言

　　本书依托安吉县赋石水库灌区标准化建设项目、赋石水库灌区续建配套与节水改造项目、赋石水库灌区现代化改造建设项目等智慧水利公益性项目而编写，主要以安吉县赋石水库灌区为例，将标准化建设、信息化改造升级和现代化改造建设的经验进行总结，适合我国智慧水利领域的研究者、学者、大学生及研究生等有志人士阅读。标准化建设根据国家出台的标准对水库灌区的建筑物进行除险加固，并实现监测建筑结构的安全性；信息化改造升级是在标准化建设水库的基础上增加感知体系，对水库和罐区水况信息进行采集，然后通过算法模型对信息进行挖掘，结合一体化平台实现对水库、灌区的安全管理和水资源的运行调度。笔者从事水库灌区管理多年，将多年来建设和管理经验总结提炼，希望与国内致力于智慧灌区建设的同行共同探讨，取长补短，相互学习和借鉴，有利于我国现代化灌区的建设。同时希望本书可以作为后辈学生的公益性读本，让青年有志之士了解智慧灌区的建设历程，在他们的学习之路上有一定的垫脚作用。

　　本书的内容主要包含了以下几个方面。首先，本书概要论述了安吉县赋石水库灌区发展历程、发展现状、主要存在问题等。其次，本书将赋石水库灌区的标准化建设进行简要论述，重点论述了工程管理体系建设、运行管理流程建设、管理设施和设备维护等内容。再次，论述了如何依托水利部"补短板"的要求，对赋石水库灌区信息化升级改造过程进行论述，包括感知体系的建设和提升、信息化通信网络建设、调度指挥中心建设、节水基地建设、信息化服务平台建设等，如感知体系提升包括了水位监测、流量监测、雨量监测、墒情监测、闸门自动化、视频监控、安防系统、渡槽安全监测等方面。最后，重点论述了赋石水库灌区的数字化建设，包括数字化改革方向和道路、建设目标，物理感知体系建设、数据仓建设、模型支撑体系建设、应用场景建设等方面。

　　在本书编写过程中，得到浙江省水利厅、安吉县水利局、浙江禹贡信息科技有限公司等技术支撑单位的大力支持与指导，在此表示衷心感谢。在开展研究工作和编写的过程中，得到了许多领导和同行专家的关心支持，并参阅了部分专家、学者的研究成果和有关单位的资料，在此特表衷心的感谢。本书由安吉县水利局石峰高级工程师撰写，其他技术支撑单位都派遣人员参加了本书的文字排版、图形处理等工作，参加人员有李锐、郑重、周国民、郑太林、凌宏峰、张炽恒、唐德全、金晶、叶根浩、杨勇、蓝迅、吴寒峰、廖亚洲、董合费、胡汪静、周亚娟、赵克华、黄林根等，由张仁贡教授主审。

由于作者学术水平有限，书中不妥和错误之处在所难免，诚恳地希望和感谢各位专家和读者不吝指教和帮助，使之不断修正，逐步完善。

作者

2022 年 2 月

目 录

第 1 章

概述

1.1 安吉县基本情况

1.1.1 地理位置

安吉县位于长三角腹地，是浙江省湖州市的市属县，与浙江省的长兴县，湖州市吴兴区、德清县，杭州市余杭区、临安区和安徽省的宁国县、广德县为邻。

1.1.2 气候

安吉县属亚热带季风气候区，气候特点是：季风显著、四季分明；雨热同季、降水充沛；光温同步、日照较多；气候温和、空气湿润；地形起伏高差大、垂直气候较明显；风向季节变化明显，夏季盛行东南风，冬季盛行西北风。常年（气候统计值1981—2020年）平均气温16.1℃，年降水量1423.4mm，年雨日152.8天，年日照时数1771.7小时。

1.1.3 经济

安吉县隶属浙江省湖州市，素有"中国第一竹乡、中国白茶之乡、中国椅业之乡"之称，县域面积1886km²，户籍人口47万人，下辖8镇3乡4街道209个行政村（社区）和1个国家级旅游度假区、1个省级经济开发、1个省际承接产业转移示范区。

1.2 灌区发展历史

1.2.1 灌区基本情况

1.2.1.1 地理位置

赋石水库灌区位于浙江省湖州市安吉县西北部，西苕溪北岸，灌区南北长46km，东西宽3～25km，灌区受益范围涉及孝丰镇、孝源街道、递铺街道、天子湖镇、梅溪镇及浙江省南湖监狱，共3个乡镇，2个街道，1个林场。灌区土地面积428.3km²（64.25万亩），其中耕地面积13.49万亩，约占安吉县耕地面积的1/3，设计灌溉面积12.2万亩，有效灌溉面积 11.3 万亩，属中型灌区。灌区人口 13.71 万人，其中农业人口 12.53 万人，主要种植作物有双季水稻、大小麦、油菜及桑、果等经济作物，是安吉县的重要商品粮基地和国家农业综合开发项目区，是安吉县经济较为发达的地区之一。

1.2.1.2　气候

赋石水库灌区属亚热带季风气候，光照充足，气候温和，雨量充沛，四季分明，4—6 月为春雨，梅雨季节占年降水量 40% 左右；7—9 月为主台风期，占年降水量 35%，但该期间也是夏热干旱时期。

1.2.1.3　灌区经济社会情况

赋石水库灌区受益范围涉及孝丰镇、孝源街道、递铺街道、梅溪镇、天子湖镇及浙江省南湖监狱，共 3 个乡镇，2 个街道，1 个林场，47 个行政村。灌区受益人口 13.71 万人，是安吉县的粮食产区和农业综合开发项目区。

1.2.1.4　基础设施情况

赋石水库灌区内交通方便，04 省道、11 省道、杭长高速公路等自灌区附近穿过，12 省道穿过灌区。各镇和行政村均有简易公路连通，交通便利。电力由华东电网供给，村村通电，电源稳定，供电需求得到充分保障。通信设施发达，灌区内村村通程控电话，移动电话信号覆盖整个灌区。灌区南缘为半山区，石料丰富，运距相对较近。灌区内又有西苕溪从中穿过，砂石料较为丰富。

1.2.1.5　农业生产及水利灌溉工程

赋石水库灌区内土地肥沃，气候温和，雨量充沛。灌区人口 13.71 万人，其中农业人口 12.53 万人。耕地面积 13.49 万亩。赋石水库灌区共实施了二期改造项目，一期工程实施年度为 2004—2006 年，2007 年竣工验收，一期工程实施后，新增灌溉面积 2.5 万亩，改善灌溉面积 9.7 万亩，年节约水量 2600 万 m³（2007 年计算）；二期工程实施年度为 2012—2014 年，2019 年竣工验收，二期工程实施后，减少了渠道输水过程中的水量损失，改善灌溉面积 1.15 万亩，恢复灌溉面积 0.15 万亩，灌溉保证率提高到 90% 以上。

1.2.2　灌区工程情况

1.2.2.1　水源工程

赋石水库灌区的主要水源为赋石水库，另有天子岗中型水库 1 座。赋石水库位于安吉县孝丰镇以西 10km 的赋石村，坝址位于西苕溪主流西溪上，是一座以防洪、供水灌溉为主，结合发电、养殖及旅游等综合利用的大（2）型水库。

天子岗水库位于安吉县高禹镇东阳村，是一座以灌溉为主，兼顾防洪、供水、发电、养殖等综合利用的中型水库。

1.2.2.2　渠首工程

牛黄坝位于孝丰镇潜渔村北赋石水库大坝下游 700m 处，拦引赋石水库发电尾水，沿山北行，对下游进行灌溉。

1.2.2.3　渠道工程

赋石水库灌区渠道工程自 1976 年年底动工兴建，先后历经 17 年，至 1993 年 10 月竣工，1994年全线通水受益。目前已建主干渠1条，总长度43.2km。主干渠下共有55条支渠，总长度122.2km。赋石水库灌区主干渠自渠首牛黄坝开始，沿山北行，途径孝丰镇、孝源街道、递铺街道、天子湖镇，进入天子岗水库，设计流量10.9m³/s。

1.2.2.4 交叉建筑物

赋石水库灌区建成后，为了满足正常的灌溉需要，合理调配水资源，干支渠上配套了数量众多的渠系建筑物。据统计，灌区内主要的渠系建筑物包括水闸26座（其中渠首引水闸1座、渠首冲砂闸1座、退水闸12座、节制闸11座、1座分水闸）、渠涵30处（总长2025m）、渡槽16座（总长3534m）、隧洞12座（总长3289m）、倒虹吸2处（总长53m）。

1.3 灌区发展现状与存在问题

1.3.1 灌区信息化现状

1.3.1.1 用水量监测设施

赋石水库灌区作为安吉县最大的灌区，自建成以来陆续实施了几处信息采集点和遥测建设，方便了灌区的日常管理。为全面计量灌区用水情况，赋石水库灌区结合国控二期计量、农业水价计量、系数测算等项目共计安装在线计量设施40处，其中干渠计量点6处，支渠分水口计量点24处，灌区内部其他计量点10处。

1.3.1.2 信息化系统

1. 闸门计算机监控系统

安吉县赋石水库灌区实施闸门监控的节制闸共有5处，分别是牛黄坝、瓦屋冲、钱坑边、梅林和鸽子坞。闸门计算机监控软件采用组态王的组态软件进行组态开发，监控软件通过光纤通信方式遥控调节闸门开度，对整个灌区各个工程的工作状况进行遥控/遥测。

2. 水情监测系统

安吉县赋石水库灌区信息化管理系统为灌区水情监测系统，基本覆盖灌区主要渠道的水情数据监测，主要功能为对灌区主要节制闸的水位状态、闸门开启高度以及降雨量情况进行监测，已建10处水情监测系统站点。水情监测系统负责接收各水情监测站点前端采集设备中的数据，通过通用的通信协议来实现兼容不同厂家数据的目标。软件将实时的水情数据在平台内进行集中展示，为管理人员提供数据查询和分析服务。

3. 流量监测系统

为全面计量灌区用水情况，赋石水库灌区在灌区重要节点建设有1套流量监测系统，对主要渠道的流量数据进行实时在线监测，监测数据经无线网络，实时传输至云中心平台，并统一对外网发布。用户可以通过互联网随时访问灌区的实时流量数据。

4. 视频监控系统

随着农业综合开发赋石水库中型灌区节水配套改造项目信息化系统的建设，灌区目前已建有1套视频监控系统，视频监控系统对图像信息进行实时采集，对闸门的上下游外景、闸门机组情况进行远程监视。视频监控软件采用电信的全球眼平台软件，监视灌区内的视频监控图像，前端视频监视图像通过公网上传全球眼平台。视频监控软件可以完成对摄像头焦距、光圈、拍摄角度等的调节控制，同时能读取现地硬盘录像机内保存的一定时期内的录像资料。

1.3.2 主要存在问题

1.3.2.1 缺乏信息化顶层设计，标准规范尚未统一

灌区信息化建设顶层设计缺失，不能从系统和全局的高度，对赋石水库灌区信息化的结构、层次、功能和标准进行统筹考虑、统一规划，建设成果还未成体系、标准不一，导致出现数据共享困难、系统设备兼容性差等问题。

1.3.2.2 物联感知种类少、覆盖不全面，监测手段不够先进

灌区物联感知覆盖不足，主要体现在目前感知的数量和种类不足。安吉县赋石水库灌区已建设的各类水情、雨情、工情感知和自动化控制系统大多年代较为久远，且由于缺少后期运维，多数设备已无法正常使用，在监测手段上，目前灌区仍然以传统的手工采集为主，在时效性和精度方面都无法满足灌区水资源精细化配置的要求。

1.3.2.3 灌区传输网络不完善，信息无法及时汇聚

当前灌区尚未建立完整的通信传输网络，管理中心及分控中心无法有效进行信息共享，并且各采集点的数据未实现自动高效汇聚，仍以电话报送的方式进行汇总统计，无法有效支撑数据采集、汇聚的要求，成为灌区信息化受阻的重要原因。

1.3.2.4 数据前置库尚未建立，数据共享及深入挖掘分析能力不足

灌区数据复杂、繁多，有很强的汇聚、存储、整编的需求，当前缺少能承载大量采集、分析和应用数据的数据中心，数据分散在各处，存在"数据孤岛"，无法有效共享，且在数据应用方面并未进行建设，数据的应用较为传统、效率低，在数据的深度挖掘和分析应用上还是空白，无法为其他部门、管理处、管理站等提供应用服务，也无法为后期充分发挥灌区数据资源的应用效益提供保障。

1.3.2.5 缺乏统一的综合平台，业务应用系统建设不足

目前灌区缺少统一的业务管理平台，无法保障灌区业务系统建设在统筹的框架下进行逐步拓展，当前建设的应用系统多为业务办公系统，且为各处自行建设，标准不一，相互无法打通；在业务应用方面尚在使用的系统由于建设时间较早、维护不到位、未及时更新等原因，大多弃用或无法发挥作用，已不能完全满足灌区当前的业务管理工作。

第 2 章

赋石灌区标准化建设

2.1 灌区标准化建设原因

赋石水库建成运行已 30 多年，目前主要建筑物如大坝、发电供水隧洞均存在着安全隐患和设备老化问题。赋石水库作为西苕溪流域内的重要水利工程，水库的安全运行不仅关系工程本身的存亡和损失，更关系到水库下游防洪安全。水库综合效益已成为受益区经济建设和人民生活不可缺少的重要水利工程，但同时目前水库建筑物存在着老化和渗透等诸多病险情况，已严重影响赋石水库枢纽建筑物的正常运行，影响水库综合效益的发挥。

鉴于此，对赋石水库枢纽建筑物存在的安全隐患和设备老化等问题必须进行除险加固处理，以充分发挥赋石水库兴利除害的综合利用功能，同时也能更好地利用西苕溪流域水资源促进当地社会经济的持续发展。

2016 年，浙江省在全国率先开展水利工程标准化建设任务，要求所有大中型水利工程按照标准严格开展标准化建设。因此，对赋石水库进行除险加固及标准化建设是十分必要。

2.2 灌区标准化建设内容

2.2.1 工程任务与规模

2.2.1.1 工程任务

工程任务是对赋石水库进行除险加固及标准化建设，消除水库安全隐患，确保工程安全运行。除险加固后的工程任务仍以防洪为主，结合灌溉、发电、供水、养鱼、旅游等综合利用。

2.2.1.2 工程规模

工程实施后，水库总体规模不变。赋石水库总库容 2.10 亿 m³，电站装机容量 3×1800kW，多年平均发电量 1500 万 kW·h，根据《防洪标准》（GB 50201—2014）和《水利水电工程等级划分及洪水标准》（SL 252—2017）确定本工程为 Ⅱ 等工程，水库为大（2）型水库。主要水工建筑物的级别为 2 级，其防洪标准（重现期）：设计为 100 年，校核为 10000 年。水库调洪成果见表 2.1。

表 2.1   水 库 调 洪 成 果 表

分　期		梅 汛 期		台 汛 期				
起调水位/m		79.17		78.17				
洪水频率/%		20	5	20	5	1	PMF	0.01
洪峰流量/(m³/s)		607	996	729	1318	2005	6708	4093
洪水总量/万 m³		2941	4945	3328	5988	9148	37652	18154
分洪流量/(m³/s)		35	70	65	135	200	250	250
分洪总量/万 m³		760	1230	1334	2813	2508	4160	4160
发电流量/(m³/s)		21	21	21	21	21	0	0
下泄流量	泄洪洞	0~100	0~150	0~100	0~250	415	6630	2771
	溢洪道	0	0	0	0			
最高库水位/m		82.37	84.07	83.17	86.47	86.77	90.00	89.33
库容/亿 m³		1.3087	1.4745	1.39	1.7378	1.7823	2.18	2.1
闸门运行方式		当库水位低于 86.47m，闸门按下游许可泄量开启						
		当库水位超过 86.47m，闸门全开						

2.2.2　工程布置及建筑物

2.2.2.1　工程等别和标准

赋石水库位于浙江省安吉县境内西苕溪支流西溪上游的赋石村。水库坝址以上集雨面积 331km²，总库容 2.10 亿 m³，电站装机容量 3×1800kW，年均发电量 1500 万 kW·h，水库防洪面积 25 万亩，灌溉面积 12.2 万亩。大坝为黏土心墙坝，最大坝高为 43.2m，为 Ⅱ 等工程，相应的工程合理使用年限为 100 年。

主要建筑物中拦河坝、泄洪发电供水洞进水口、泄洪发电供水洞、输水隧洞进水口、溢洪道和非常溢洪道为 2 级建筑物；输水隧洞为 3 级建筑物；本工程电站装机容量仅为 3×1800kW，且建筑物独立布置于坝下，确定其建筑物级别为 4 级。

此次标准化改造确定 2 级建筑物的洪水标准为设计洪水标准采用 100 年一遇、校核洪水标准采用 10000 年一遇；相应的 2 级建筑物的合理使用年限为 100 年，4 级建筑物的合理使用年限为 30 年。

按照《水利水电工程等级划分及洪水标准》（SL 252—2017），水工建筑物级别及洪水标准详见表 2.2。

2.2.2.2　工程总布置

本次工程加固改造后，除在右岸新增输水隧洞进水口、输水隧洞和下游控制阀室外，工程其余建筑物布置保持不变，仅对局部进行加固改造。

工程枢纽建筑物由大坝、正常溢洪道、非常溢洪道、泄洪发电隧洞和坝后电站等组成。

大坝为黏土心墙砂壳坝，最大坝高 43.2m，坝顶设计高程 91.37m（现状高程 91.15～91.26m），设 1.0m 高防浪墙，坝顶长 446.0m，宽 6.0m。坝体由黏土心墙、砂壤土副心墙、上下游砂砾石坝壳、堆石排水棱体及块石护坡组成。大坝桩号坝 0＋000 至坝 0＋280 为滩地段、坝 0＋280 至坝 0＋446 为堵口段。

表 2.2　　　　　　　　　　建筑物洪水标准表

建　筑　物	级别	洪水标准［重现期/年］	
		设计	校核
拦河坝、溢洪道、非常溢洪道、泄洪发电供水洞进水口、泄洪发电供水洞输水隧洞进水口	2	100	10000
输水隧洞	3	—	—
发电厂、升压站	4	20	100
泄水建筑物消能防冲	—	50	

正常溢洪道位于大坝左岸、距坝头 200m 处的山岙，是开敞式溢洪道，由堰身、过渡段、陡坡段和消力池四部分组成。

非常溢洪道位于正常溢洪道左侧另一山岙，共 2 处，宽分别为 61m、111m，总宽度 172m。进口筑有自溃式黏土斜墙砂壳坝，底高程 83.17m，分设 4 级引冲槽。当库水位超过千年一遇洪水位 88.87m，自溃坝逐一过水溃坝泄洪，最大下泄流量 4690m³/s。

泄洪发电隧洞位于大坝左岸，进水口形式为竖井式，进口底高程 46.67m，设一扇 4m×5m（宽×高）检修平板钢闸门，隧洞洞长 256m，衬砌后洞径 5m，出口设两扇 3m×3m 弧形工作钢闸门，最大泄量 360m³/s。隧洞桩号 0＋175 处设发电支洞，长 43.5m，洞径 4m，后接 3 根钢筋混凝土明管和叉管，管径 1.5m。主洞出口段为钢筋混凝土明渠，出口接消力池，池后接泄洪明渠。明渠设计为矩形断面，长 229m，渠底采用钢筋混凝土护底，底宽分 2 段，由 7.6m 渐变至 8.2～20m，纵坡 1：500。

新建输水隧洞位于右坝头，距离右坝头约 250m，隧洞轴线距离右坝头最小距离 215m。输水系统主要由输水明渠、分层进水口和输水隧洞、压力钢衬段、阀室等组成。进水口前设输水明渠，渠长 22.2m，渠底宽 7.0m。分层进水口沿水流方向长 10.0m，输水隧洞总长 584.95m。混凝土衬砌段，隧洞衬后洞径为 2.0m；钢衬段，隧洞衬后洞径为 1.80m。隧洞出口设流量调节阀室，阀室尺寸为 13.6m×16.5m，阀门中心高程 50.90m。紧接阀室为一段 10m 长的明管段，其后接入下游的供水管路。为连接启闭平台交通，在右坝头山体新建道路，路面高程 89.5m，长 300m，路宽 3.0m。

电站位于大坝右侧坝脚，总装机容量 3×1800kW。

2.2.2.3　大坝加固改造

1. 坝顶加固改造设计

对坝顶防浪墙裂缝进行灌浆、充填处理，处理裂缝总长度约 250m。对坝顶下游侧增设防护设施，新设青石栏杆，总长 446m，栏杆顶高程 92.37m，高 1.0m。

本次加固改造设计中，坝顶宽度、长度、坝顶路面顶高程和防浪墙顶高程均维持现状不变。

2. 上下游护坡加固改造设计

对上、下游护坡的部分风化且松动的砌块石进行拆除重建，拆除重建上游护坡约 $320m^2$，下游护坡面积约 $570m^2$。

2.2.2.4 泄洪发电建筑物加固改造

1. 泄洪发电隧洞进水口

在现状泄洪发电进水口竖井后增设竖井，井内设事故检修门1道，井上设启闭机房，内置相应的启闭设备。

施工完毕后废除现状检修闸门及其启闭设备，拆除现状启闭机房及其交通桥，并对检修平台处的闸门井顶部进行安全封闭。

2. 泄洪洞洞身

针对泄洪发电洞存在的问题，本次主要进行裂缝处理。对于渗流轻微或无渗漏水的情况，采用 HK-8505 聚氨酯密封胶封闭，处理长度约 141m。对于有渗漏或伸缩缝处的裂缝，采用切槽打磨后，用 HK-963 水下黏合剂和 SXM 水下密封剂进行固管，灌浆后涂刷 HK-963 水下黏合剂、粘贴 SR 塑性填料和盖片，最后用 SX 防渗模块周边封堵。裂缝处理长度约 110m。

3. 泄洪发电隧洞出口

出口启闭机房总体结构完整，只有细小裂缝（缝宽 0.05～0.1mm），本次不进行处理，但要加强日常观测。

工作桥桥板底部存在多条纵向贯穿裂缝，对其按原有规模进行拆除重建。工作桥为2跨，单跨净宽 3.0m，桥面宽约 4.0m。

更新改造闸门相关的金结及电气设备，出口启闭机房拆除重建。

2.2.2.5 溢洪道加固改造

1. 正常溢洪道

对于堰面、溢流堰陡坡段存在的裂缝，采用无损贴嘴低压灌浆技术进行修补，将浆液灌注到裂缝深处，灌浆材料选用环氧树脂。

2. 非常溢洪道

（1）裂缝加固处理。对非常溢洪道南段右侧边墙裂缝充填环氧树脂砂浆嵌缝处理，嵌缝结束后，进行洒水养护。

（2）坝坡加固。溢洪道南段和北段的迎水面坝坡局部块石存在风化剥落现象，本次对其进行拆除重建，重建面积约 $300m^2$。

（3）防渗处理。本次暂不对非常溢洪道坝基进行防渗加固处理，加强非常溢洪道观测、运行维护和巡查。

3. 泄洪渠改造

本次对局部淘刷部位进行拆除重建，拆除原有浆砌块石护坡，新建 C20F50 混凝土护坡（厚 30cm），下设 10cm 后碎石垫层，修补面积约 200m²。

2.2.2.6 新建输水建筑物

新建输水系统布置在右岸，离右坝头约 250m，主要由分层进水口和输水隧洞、钢岔管、流量调节阀室等组成。分层进水口沿水流方向长 10m，输水隧洞长 584.95m。隧洞出口设流量调节阀室，后接入输水管道。

1. 进水口

进水口前设输水渠道，渠长 22.2m，渠底宽 7.0m。

进水口位于土坝上游约 125m 处，距离右坝头约 250m，采用分层取水的 C25 混凝土塔式结构，设计平均流量 2.084m³/s，最大供水流量 2.71m³/s。水流方向长 10.0m（输 0−010.00～输 0+000.00），宽 7.0m，底板高程 62.0m。

进水塔内设 1 道钢筋混凝土拦污栅、2 道工作钢闸门（闸门底高程分别为 62.00m、72.00m）和 1 道事故钢闸门。

2. 输水隧洞

输水隧洞位于进水塔后，桩号为输 0+000.00～输 0+584.95，平面投影长度 584.95m。进水塔后设 5m 长渐变段，由 2.0m×2.5m 矩形断面渐变成直径 2.0m 的圆形断面。桩号输 0+005.00～输 0+530.00 为圆形断面，总长 530m，开挖断面直径 2.8m，C25 钢筋混凝土全段衬砌，衬后断面直径 2.0m，后设 5m 长渐变段与出口钢板内衬段连接。出口钢板内衬段桩号输 0+530.00～输 0+584.95，长 54.95m，衬后洞径 1.8m，Q345C 钢板厚 18mm，采用 C25 混凝土回填。

3. 隧洞出口

隧洞出口设置"Y"形岔管，支管直径为 1.2m，并设流量调节阀室，阀室尺寸为 13.6m×16.5m，阀室内分别设两只流量计和工作闸阀，阀门中心高程均为 50.90m。紧接阀室后分别为一段 10m 长的明管段，其后接入下游的供水管路。

4. 边坡及基础处理

进水口及出水口边坡均进行支护，采用喷 C20F50 混凝土，并设钢筋网片。坡面上设直径为 7.5PVC 排水孔，间距 2.0m，采用梅花形布置。进水口要求坐落在弱风化层基岩上。

2.2.2.7 交通工程改造

对防汛公路进行局部改造（正常溢洪道下游左岸侧），改造后防汛公路线路不变，路面为 C30F50 混凝土，路宽 5.0m，路侧设防撞隔墩，改造长度 435m。

新增道路沿正常溢洪道左岸而上，连通非常溢洪道，并与拟拓宽的防汛道路相接，总长 540m，路面宽度 3.0m，路面采用 C30F50 混凝土。

对沟通大坝、厂区与管理区的二座桥梁，进行桥面板更换。1 号桥（沟通坝顶与管理区）的桥长 23.5m，宽 5.7m；2 号桥（沟通厂区与管理房）长 47.5m，宽 6.3m；新增桥面栏杆总长 142.0m。

为连接输水进水口启闭平台与现状交通道路，在右坝头山体新建道路，路面高程 89.5m（同启闭平台高程），长 300m，路宽 3.0m，路面采用 C30F50 混凝土。

对从大坝下游输水控制阀室通往输水进水口检修平台的原有泥结石路面进行改造：长1150m，宽5.0m，修建C30F50混凝土路面。

新增水面水政巡查快艇1艘。

2.2.2.8　工程安全监测

1. 安全监测设计

工程安全监测设计主要包括巡视检查、变形监测、渗流监测、环境量监测。

（1）变形监测。

本工程的变形监测应设置坝面垂直位移、水平位移，坝基沉降和坝体内部垂直位移监测。大坝表面位移观测点现共有6排23个测点，除下游棱体顶部的E排及处于库水位下的G排外，其余4排16个测点均同时进行水平位移和垂直位移的监测。

本次对E排监测点进行报废改造，共增设4个变形观测测点，进行水平位移和垂直位移的监测。其余坝体位移监测点均不改造。本次新增全站仪一台。

（2）渗流监测。

1）坝体浸润线监测。本次坝体渗流监测设计结合原渗流观测设备的增加布置选取3个断面作为观测断面，每个新增断面设5支测压管，每个测压管内设1只测压计，即增设15支测压管，15支渗压计。

在桩号0+390的观测断面上，分别在坝下0+001.00和坝下0+008.00钻孔埋设渗压计各3支；在桩号0+250观测断面上，分别在坝下0+001.00和坝下0+008.00钻孔埋设渗压计各3支。以上渗压计用于监测坝体渗流压力。

2）绕坝渗流监测。本次对左岸绕坝渗流观测点进行更新改造，对右岸的渗压计进行更换，并新增部分测压管。

对左岸绕坝渗流，在桩号0−006.00、0−003.00、0+018.00和0+038.00的观测断面上，设测压管和渗压计，共设15支测压管，埋设15支渗压计。

对原右岸测压管内的渗压计进行更换，共有7支；并增设5支测压管，每个测压管内安装埋设1支渗压计。

（3）环境量监测。

保留原水库水位监测设施；水文自动遥测，本次除险加固暂不进行改造；本次增加水质监测仪，用于监测水库水质情况；在坝区内增设1支温度计进行气温监测；在坝区内增设一大气压力计进行大气压力观测；所有测点均汇入自动测报系统，各观测数据可自动反映到控制室内的计算机上，予以自动测报。

2. 自动信息化建设

本次赋石水库信息化建设主要包括信息采集系统、网络通信，实现综合业务服务、日常办公管理、水库巡查、大坝安全监测与分析、控运计划管理、洪水预报、视频监控、信息采集等功能。

2.2.2.9　管理区改造

本次对部分房屋进行更新改造，合计约1545m²，其余现有管理区内的房屋建筑情况良好，不再进行改造加固。

本工程现状管理区范围内整体管理区的绿化、环境美化情况较好，本次不再单独进行环境美化处理工程。

2.3 灌区管理制度建设

2.3.1 工程管理体制

2021 年之前，赋石水库管理局（以下简称管理局）为赋石水库的现有管理机构，成立于 1980 年 7 月，隶属于安吉县水利局，为自收自支事业单位。下设工程管理科、水文信息科、库区管理科、行政科、财务资产科和电厂 6 个部门。

2.3.2 工程运行管理

2.3.2.1 工程维护运行管理

目前，管理局已经建立了行政管理、工程管理、安全生产管理等多类规章制度，形成了一整套的管理制度体系。根据实际情况，设立了工程管理科等科室，各科室设立相应岗位。工程安全、防汛安全、安全生产等实行分级、分岗位负责，各项规章制度均得到较好落实。根据 2009 年赋石水库管理局制定的《赋石水库工程管理制度汇编》，主要工程管理制度见表 2.3。

表 2.3　　　　　　　　　　现有水库调度运行管理制度

序号	制 度 名 称	序号	制 度 名 称
1	《大坝安全管理制度》	11	《安全生产管理制度》
2	《防汛防旱工作制度》	12	《防汛值班制度》
3	《工程建筑物安全检查制度》	13	《工程重大安全问题上报制度》
4	《大坝巡视检查办法》	14	《工程观测制度》
5	《水文观测制度》	15	《水文遥测系统运行管护制度》
6	《水文遥测中心站管理制度》	16	《水文遥测站管理制度》
7	《卫星地面站设备运行管护制度》	17	《代办雨量站管理办法》
8	《水闸机电设备主人负责制度》	18	《水闸工程检查制度》
9	《水闸工程养护修理制度》	19	《泄洪闸管理和操作制度》
10	《各有关岗位职责》		

赋石水库经过加固改造后，为保证工程安全和正常运行，充分发挥工程效益，必须进行正规化、制度化、规范化、现代化管理。

管理局应严格执行《中华人民共和国水法》，并严格贯彻国家的各项方针政策和上级主管部门的指示。不但要掌握本工程的性质和任务，而且要掌握本工程规划、设计、施工、运行管理的有关资料和文件，建立定期进行观测、检查、养护维修制度，随时掌握工程建设动态以及各建筑物与设备的动态，及时发现问题，消除工程隐患。建立和健全管理档案，积累资料、分析整编、总结经验，不断改进工作。及时做好水文预报工作，配合主管部门做好汛期防汛工作。合理调度水库运行，充分利用水资源，开展多种经营，做好水质监测及环境保护工作。加强管理人员的技术培训和工作业绩考核，使工程发挥最佳的社会效益和经济效益。

管理人员应做到定人定岗，职责分明，了解工程特性，熟悉管理业务和本工程的管理办法，应经常与原设计、施工、设备制造和安装单位保持联系，不断改进管理工作，对工程管理应不断积累经验，及时分析，总结提高。

2.3.2.2　工程调度原则

1. 水库洪水调度原则

起调水位：台汛期 78.17m，梅汛期 79.17m。

库水位在台汛期 79.17～86.5m、梅汛期 80.17～86.5m 时，水库在下泄发电流量（21m³/s）的同时，开启泄洪洞泄洪。在与老石坎水库联合调度基础上，水库下泄流量不超过 250m³/s。并按横塘村断面 1300m³/s、梅溪断面 1100m³/s 进行补偿调节。

通过鸭坑坞分洪闸接受老石坎水库分洪，最大分洪流量 135m³/s，最大分洪水量 2813 万 m³。

库水位超过 86.5m（20 年一遇洪水位）时，开敞式溢洪道开始自由溢洪。由于洪水频率已超过下游防洪标准，为确保大坝安全，全开泄洪洞泄洪。至水位 86.77m（100 年一遇洪水位）时，水库最大下泄流量不超 500m³/s。通过鸭坑坞分洪闸接受老石坎水库分洪，最大分洪流量 200m³/s，最大分洪水量 2508 万 m³。

库水位超过 88.87m 时，自溃坝开始逐级溃决。PMF 洪水保坝洪水位 90.00m，泄量6630m³/s。

2. 供水调度原则

以 1962—2013 年径流量为来水量，以供水与灌溉用水为用水过程计算编制了水库兴利调度图（图 2.1）。

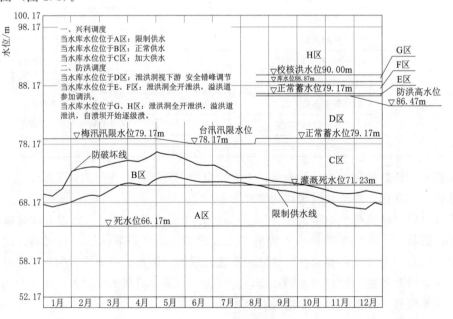

图 2.1　兴利调度原则图

（1）加大出力 C 区。当水库水位落在该区时，水库可加大供水，电站视具体情况可加大出力发电。

（2）正常供水 B 区。当水库水位落在该区时，灌溉死水位以下保证正常供水；灌溉死水位以上保证城镇生活供水和灌溉用水，发电服从灌溉和供水。

（3）保证供水 A 区。当水库水位落在该区时，停止灌溉，保证生活用水，发电服从供水。

3. 建筑物基本管理要求

定期清理岸坡和坝下游面的排水设施，防止对建筑物的冲刷；定期对路面进行维护。定期检修泄洪闸闸门和启闭机、柴油发电机，确保启闭机和备用电源的可靠性。

2.3.3 工程管理范围和保护范围

本工程为加固改造工程，除新建建筑物外，原有建筑物位置维持原状，保持不变，因此原有建筑物的管理范围和保护范围保持不变。

新增输水建筑物的进水口和出水口管理范围为建筑物轮廓线外 30m，相应的保护范围为管理范围线以外 50m；新增交通道路的管理范围为道路边线（或开挖边坡线）外 1.0m，相应的保护范围为管理范围以外 20m。

在工程管理范围边界，应设立比较明显的标志。工程管理范围内的设施、土地、林木等为管理单位所有，任何单位和个人不得毁坏、侵占。

保护范围内严禁进行爆破、打井、采石、取土等危及工程安全的活动。未经管理部门许可，不得在保护区从事影响工程建筑物正常运行的活动。库区内要做好水土流失防治工作，从事可能引起水土流失的生产建设活动的任何单位和个人，必须采取措施，保护水土资源，并负责治理因生产建设活动造成的水土流失。为保护水库水质，库区内严格控制工业污染，生活污水要经处理后才能排入库区。对于在水库管理范围内的违章建筑，应予拆除。凡需在库区内取水的新用户，必须向水利局提出申请，经同意发给《取水许可证》后才能取水，并按章缴纳水费、水资源费。

2.3.4 管理设施和设备

2.3.4.1 生活管理区

管理区位于大坝下游侧，设有行政管理楼和生活辅助用房，行政管理楼内设办公室、接待室、会议室、休息室等，生活辅助用房内设食堂、仓库、职工活动室等。工程管理区设施齐全、环境优美。

现有左坝头部分工程管理房、水文监测房、防汛物资仓库及管理区、办公区部分房屋陈旧破损，本次对上述房屋进行更新改造，合计 1545m²。考虑到现有工程管理区的绿化、环境美化情况较好，本次不再单独进行环境美化处理工程。

2.3.4.2 建筑物管理

1. 主要建筑物和设施的操作运用规程要点

大坝和溢洪道、泄洪防空洞保持良好的工作状态关系到工程的安全，是管理工作的重点。

大坝应加强巡检，定期进行沉降观测和维护，密切注视渗流量的变化，确保大坝安全。定期清理岸坡和坝下游面的排水设施，防止对建筑物的冲刷。定期对坝顶路面以及上坝公路路面进行维护。

溢洪道、泄洪防空洞、输水隧洞进口闸门和启闭机、备用电源应定期检查，汛前进行试启闭，确保闸门、启闭机和备用电源的可靠性。管理运行时，在遵循运行原则的前提下，可以根据具体情况选择方便管理的运行方案。

2. 主要建筑物维护、检修的条件和技术要求

经常检查：枢纽管理单位指定专职人员负责，对各建筑物的各个部位、闸门及启闭机械、动力设备、通信设施、水流形态、库区岸坡稳定等进行经常性检查。

定期检查：针对每年汛前、汛后抬高水位运行，对挡水建筑物做定期检查，并结合各建筑物预埋的观测设备进行监测，并对数据进行分析。定期检查由管理单位负责人组织领导，事前应有检查方案。

特别检查：当发生特大洪水、暴雨暴风、地震等工程非常运行情况或发生重大事故时，管理单位应及时组织力量检查，必要时请上级主管部门共同检查。首次蓄水是对挡水建筑物的重要考验，必须全面对建筑物进行内外监测。由主管部门组织管理、设计、施工、科研等单位共同参加，根据监测数据对建筑物的工作状态进行详细分析，并与设计数据验证对比，做出全面分析报告。首次蓄水及特别检查书面报告，须报上级主管部门。

2.3.4.3　工程安全监测设施

本次工程监测项目有大坝表面变形监测、水库水位自动监测、坝体渗流自动监测、绕坝渗流自动监测、环境量自动监测和水质监测。

本次进行安全监测自动化系统建设，实现数据采集与监控、数据整编和分析评价。可及时了解建筑物的安全形态，安全监测中发现的问题，应及时分析原因，并采取相应措施。

本次在原有基础上进行工程监测改造，新增观测标点 4 个、改造新建测压管 35 支、渗压计 54 只；增设气温计 1 支和大气压力计 1 支。

2.3.4.4　自动化监测

赋石水库信息化建设由信息采集、网络通信、数据汇集、支撑平台、决策支持五个层次组成。

2.3.4.5　交通和通信设施

本次新增配备水面水政巡查快艇 1 艘。水库的运行调度采用载波通信系统。外部通信和内部通信以程控电话为主，辅以无线电通信。现有通信设施已能满足运行管理要求，本次不增设其他通信设施。

2012 年，安吉县组织实施了《浙江省湖州市安吉县农业综合开发赋石水库中型灌区节水配套改造项目》（以下简称"二期工程"）。二期工程实施后，干、支渠得到了进一步全面的改造，渠系建筑物得到了配套，灌溉保证率提高到 90％以上。

3.1　建设目标

以"节水优先、空间均衡、系统治理、两手发力"十六字治水思路和新时期乡村振兴战略方针为指导，以"水利工程补短板、水利行业强监管"和数字化转型为建设思路，结合安吉县赋石灌区特性和管理需求，充分运用物联网、云计算、大数据、人工智能、移动互联网等现代信息科学技术，以"灌区信息数字化、工程管理标准化、配水调度精准化、防灾减灾科学化、业务办理协同化、灌区应用智能化"为目标导向，结合灌区产权化、物业化、数字化"三化改革"，按照"一仓一平台一张图"进行布局，初步开展智能仿真、诊断、预报和云中心建设，实现辅助决策、自动控制，为最终实现更透彻的感知、更广泛的互联互通及智能控制打下坚实的基础。

3.1.1　灌区信息数字化

根据"水利工程补短板"的建设思路和数字化转型的工作方案，结合灌区特性和运行管理需求，将赋石灌区管理过程中涉及的管理决策信息数字化，建立健全水情、雨情、工程安全、闸位及图像的感知体系，数据上云，为管理决策提供覆盖灌区的所有与运行管理相关的关键节点的感知监测信息。

3.1.2　工程管理标准化

按照灌区管理的实际需要，结合"十四五"规划要求，将标准化管理中的取水、供水、用水、防洪、抗旱、应急、事故调度、安全管理、调度运行、维修养护、智能自动控制等工作流程进一步科学化，提高灌区工程标准化管理水平。

3.1.3　配水调度精细化

建立灌区水资源调度模型库，并通过模型库的建设和运行校正，对获取的感知监测数据进行计算，为管理提供有价值的智能化的决策依据，提供水资源最优化服务，达到配水调度精准化的目标。

3.1.4 防灾减灾科学化

通过灌区管理范围内的重要泵闸实现自动化和集约化一体控制、重要工程水位预警等手段，基本实现灌区内的闸泵站调度"无人值班、少人值守"。逐步建立集约化管理平台实现集中控制，对灌区主要工程的水位、流量、雨量、工情能提前进行预警，达到防汛抗旱、防灾减灾科学化的目标。

3.1.5 业务办理协同化

实现业务的在线协同办理，提高工作效率，加强移动软件系统的建设，基本可以通过手机查询灌区信息，处理灌区事务。同时智慧灌区的目标不仅仅平台之间的业务协同，还实现人与人的业务协同，甚至还包括设备设施与人的协同，一旦设备设施出现问题时能够及时地与管理人员进行联系，通过信息化手段如检修单等下发工作任务，对设备设施的故障隐患进行排除。

3.1.6 灌区应用智能化

结合水利"数字化"转型、水利部"智慧水利"建设、水利工程"三化"改革等工作要求，在信息监测、监视、监控站点及物联网构建立体感知体系并实现信息管理的基础上，做好信息收集、预测、决策、实施、统计分析、后评估等工作，并开展智能仿真、诊断、预报和云中心智能仿真建设，实现辅助决策、自动控制，通过更透彻的感知、更广泛的互联互通及智能控制、更广泛的数据仓互联互通、更智能的决策分析依据，达到更科学和先进的管理。

3.2 建设内容

在标准化建设的基础上，本次赋石灌区信息化升级改造建设内容主要包括信息化基础设施建设、信息管理系统建设和信息化保障环境建设。

3.2.1 信息化基础设施

（1）新建量水计量设施 85 处，其中，新建水位量测点 48 处（16 处水闸、14 处渡槽、12 处隧洞、6 处小水库）；新建流量监测点 37 处（3 处干渠、34 处分水口）。

（2）新建 2 处墒情监测点。

（3）新建 2 处雨量蒸发监测站。

（4）新建及改建闸门远程控制系统 16 处。

（5）建设视频监视站点 45 处（26 处水闸、7 处渡槽、12 处隧洞）。

（6）新建安全防范系统 30 处（26 处水闸管理房、4 处渡槽管理房）。

（7）新建 8 座渡槽安全监测系统。

（8）新建光缆通信网络 1 项。

（9）新建调度指挥中心 1 处。

3.2.2　信息管理系统

（1）建设水资源运行调度模型库 1 项。

（2）建设灌区水利数据仓（一仓）1 项。

（3）建设灌区信息服务平台（一平台）1 项。

（4）建设运行监管一张图（一张图）1 项。

3.2.3　信息化保障环境建设

完成信息化配套设施建设，建设符合国家信息安全二级等保制度和国家商用国产密码的安全体系。

3.3　信息化基础信息建设

3.3.1　水位监测系统

在赋石灌区主干渠道的重要部位布置水位监测站，包括在节制闸和退水闸的上下游、重要渡槽进口、隧洞进口安装水位监测设备，实时监测灌区内的水位情况，为灌区的运行调度提供数据支撑。选择雷达水位传感器为核心部件的水位计量设施，同时对水位监测点进行高程测量；采集作为地图展示的基础数据；水位监测点岸边安装人工水尺，能和水位计测量数据实现对比。

3.3.2　流量监测系统

在赋石灌区建设流量监测系统，在渠首、干渠中段及渠尾各安装 1 套多普勒测流仪，实时监测分析渠道流量。在节制闸的平直段、渡槽中段附近安装水位计，流量监测只需通过标准断面率定的方式，采用水位-流量关系法计算流量。在重要分水口，流量不小于 $0.1\text{m}^3/\text{s}$ 的分水口管道处安装电磁流量计、智能水表，实时测量出水口流量。

3.3.3　雨量蒸发监测系统

雨量蒸发监测站主要由翻斗式雨量计、数字蒸发器、遥测终端等组成，其中翻斗式雨量计测量雨量，数字蒸发器计量蒸发量，雨量和蒸发量数据通过遥测终端利用 4G 无线信号传输至远端服务器。雨量蒸发监测系统全面支持 4G 全网通通信功能，向下兼容 3G/2G 通信模式，支持三大运营商。同时根据现场的网络情况，提供灵活的频段锁定功能，保证现场网络通信的可靠。

雨量监测站采用自报式、查询应答式、兼容式相结合的遥测方式和定时自报、事件加报和召测兼容的工作体制。数据遥测终端每 5min 将采集到的雨量数据上传到远端的控制中心，当雨量超过警戒线的时候会进行加报。工作人员需要及时了解某监测站的信息时，也可通过远端的通信中心进行召测，即能触发该监测站，按工作人员的要求向中心站发送数据。

在赋石灌区主干渠道边新增 2 个雨量蒸发监测站，雨量蒸发站观测场地不小于 4m（东西向）×4m（南北向）。雨量蒸发站建设情况见表 3.1。

表 3.1 　　　　　　　　　　　　　**雨量蒸发站布置表**

序号	点位	建设情况	数量	备注
1	板塔	已建	1	
2	铁板冲	已建	1	
3	横塘	新建	1	
4	天子岗湖	新建	1	

3.3.4 墒情监测系统

土壤墒情监测系统对农业灌溉区域的土壤进行相对含水量监测，能真实地反映被监测区的土壤水分变化，可及时、准确地提供各监测点的土壤墒情状况，为减灾抗旱提供了决策依据。赋石灌区墒情监测对重点农业灌溉区域，特别是连片种植区域进行土壤含水量监测，实时反映被监测区域的土壤水分变化，为智能化灌区水资源运行及调度模型提供墒情大数据。拟在赋石灌区农业灌溉范围内青龙村水稻基地和良棚白茶基地建设 2 处墒情监测点。

土壤墒情监测站主要由土壤水分传感器、遥测终端等组成，其中土壤水分传感器测量土壤墒情，土壤墒情数据通过遥测终端利用 4G 无线信号传输至远端服务器。

采用多路土壤水分传感器，并将传感器布置在不同的深度，实现监测点的剖面土壤墒情检测。土壤含水量一般是指土壤绝对含水量，即 100g 烘干土中含有若干克水分。土壤湿度传感器采用 FDR 频域反射原理，利用电磁脉冲原理根据电磁波在介质中传播频率来测量土壤的表观介电常数，从而得到土壤相对含水量。FDR 具有简便安全、快速准确、定点连续、自动化、宽量程、少标定等优点。实时监测土壤水分，各监测点可灵活进行单路测量或多路剖面测量。

土壤水分超过预先设定的限值时，立刻上报告警信息。

3.3.5 闸门计算机监控系统

赋石灌区共有水闸 39 处，其中重要水闸 26 处。根据目前的情况，每次闸门的启闭都需要管理站值班人员进行操作，管理人员每天往返多次进行闸门操作，这样一是增加了汛期人员的风险，二是时效性差，不能根据需要及时进行闸门的启闭操作，配水调度的控制性较差。枫树塘节制闸上游已建有 1 台电动拦污栅，本次自动化改造把该拦污栅纳入自动化控制系统。

闸门控制系统在灌区信息化的建设中是技术的难点和关键，可靠性是首要满足条件。在闸门控制中一般采取的建设原则是现地控制、远程监测，做闸控的闸门位置要尽量建设视频监视点，以保证闸门控制的安全可靠，尽可能使用有线传输方式；若选择无线传输方式，也应该选择高带宽和可靠性强的通信设备。

目前工业行业的自动化控制系统基本都是采用 PLC 作为核心控制单元。PLC 在应用环境、可靠性、智能化、灵活性方面是其他设备（如 RTU 等）无法比拟的。PLC 硬件上集成了电源电路，加强了抗干扰措施，适合工业环境使用。同时 PLC 系统直接与计算机、通信转换单元构成网络，实现信息的交换，并构成"集中管理、分散控制"分层分布式控制系统，满足工业控制系统的需要。其中部分闸门仍为手动闸门的在此次改造总体规划中计划改造为电动闸门。

在线式自动化控制闸站具体点位见表 3.2，其中渠首进水闸、瓦屋冲节制闸、钱坑边节制闸、梅林节制闸和鸽子坞节制闸在 2013 年已经建设了自动化控制系统，但建设时间距今已经 7 年，部分设备老旧，需提升改造。

表 3.2   自动化控制闸站点位表

序号	闸门名称	桩号	闸门孔数	设计流量 /m³	闸门启动方式 手动	闸门启动方式 电动	远控建设情况
1	渠首进水闸	0+000	3	4.2		√	已建改造
2	渠首冲砂闸	0+000	1	15		√	
3	瓦屋冲退水闸	2+697	1	14.82		√	
4	瓦屋冲节制闸	2+730	1	12.82		√	已建改造
5	钱坑边退水闸	8+874	1	8.82		√	
6	钱坑边节制闸	8+874	1	11.9		√	已建改造
7	牛角冲节制闸	11+277	1	11.9	√		
8	施家庄退水闸	13+190	1	12.48		√	
9	施家庄节制闸	13+190	1	11.9		√	
10	板塔退水闸	13+990	1	12.4	√		不纳入
11	小官塘退水闸	16+165	1	15.06	√		
12	大官塘节制闸	16+333	1	10.9	√		
13	梅林节制闸	18+250	1	6.99		√	已建改造
14	梅林退水闸	18+250	1	6.99		√	
15	枫树塘节制闸	20+780	1	10.9		√	
16	枫树塘退水闸	20+675	1	10.9		√	
17	东山杆退水闸	23+415	1	10.9	√		
18	鸽子坞节制闸	24+936	1	6.41		√	已建改造
19	鸽子坞分水闸	24+940	1	6.8		√	
20	石角退水闸	26+708	1	10.9	√		
21	石角节制闸	26+708	1	4.37	√		
22	燕子山退水闸	33+258	1	6.8		√	
23	燕子山节制闸	33+263	1	4.37		√	
24	铁板冲退水闸	37+420	1	4.37	√		

续表

序号	闸门名称	桩号	闸门孔数	设计流量 /m³	闸门启动方式		远控建设情况
					手动	电动	
25	下北寺退水闸	40+555	1	4.37		√	
26	下北寺节制闸	40+573	1	3.62		√	
27	天子岗节制闸	40+803	2	3.05		√	

根据灌区现代化的建设标准，水闸控制采用现场手动控制、现地集中控制及远程遥控功能。每处水闸设置 1 台闸门现场控制单元，现场控制单元通过光纤线路与监控中心的监控计算机联网，可以远程进行控制。

闸门远程监控系统以手动优先、下层优先的原则来设计硬件和软件。在闸门控制结构组成中，闸控计算机主要通过软件监测和控制闸门的启闭过程。现场控制单元中集成了可编程控制器（PLC）和机电控制设备，工业控制微机的控制指令通过可编程控制器（PLC）和机电控制设备驱动闸门启闭机实现闸门的升降，通过闸位传感器、PLC 控制器、通信网络、计算机等设备能够实时（主要是汛期）完成闸门的快速、可靠的控制，提高了反应速度，减轻劳动强度，提高防汛和配水调度的效率。

闸门远程监控系统能完成数据采集与处理，控制单元能对水闸的主辅设备的运行状态、运行参数及测量值进行实时采集、工程量化，并存入实时数据库，作为系统实时监视、告警、控制、制表、计算和处理的依据。对模拟量信号的处理包括回路断线检测、数字滤波、误差补偿、数据有效性合理性判断、标度换算、梯度计算、越复限判断及越限报警；对开关量信号的处理包括光电隔离、硬件及软件滤波、基准时间补偿、数据有效性合理性判断、启动相关量处理功能（如事故报警、自动推出画面以及自动关闸等），最后经工程及格式化处理后存入实时数据库。

闸门远程监控系统能完成全运行过程监视，包括：状变监视和事件报警，越复限检查和梯度越限检查和报警，控制命令执行中可在上位机的监视器中显示操作全过程及操作受阻部位，设备的状态监视和参数显示。

3.3.6　视频监视系统

当实现了关键闸门、清污机的自动化控制后，人员操作都是在室内远距离进行操作，不能实时查看启闭的情况，不了解闸门周边的环境，有发生误操作的风险，因此为了确保闸门远程操作的可视性、安全性，并实时监视闸门的开度情况，需要在闸门和重要的水利工程附近建设视频监视系统，以确保闸门操作的安全，同时也可辅助进行定期巡视及安全保卫。

利用视频大数据进行视频智能监控，布置智能摄像机及分析模块，具有监视渠道、隧洞、节制闸前的漂浮物和杂草，分析渠道周边人员入侵，周界报警等功能。通过现场的摄像装置，视频监视系统可以将现场的实时图像准确、快速、清晰地传输到现地控制室，乃至位于远程的管理部门。值班管理人员根据视频图像所反映的现场情况，可以异地控制建筑物的运行以及事故处理。实时采集到的视频信息可以存储在计算机中，作为历史资料，对于事故分析、责任排查、提高建筑物运行管理水平，都具有非常重要的价值。

3.3.7 安全防范系统

在主要水闸布置微波复合型入侵报警探头，以开关量的方式接入水闸、水泵的控制器。当有入侵事件发生时，就地能产生高分贝报警声，以吓阻入侵人员。在其他需布置入侵报警系统的地方，采用简单的行程开关代替入侵报警探头的方式采集入侵信号。

在重要堤防段设置防汛警报、LED 电子告示牌、广播等安全防范设备。对重要的汛情、灌溉放水等信息进行电子发布预警；平常也可发布水环境和水工程信息、水利政策法规、防灾减灾的预测和对策信息等，普及水利知识；在图像监视系统的帮助下，对河道附近人员的不安全行为进行劝阻。

水闸的简易型入侵报警系统在现地和监控中心可以布防和撤防，其余地方只能在监控中心布防和撤防。在设防或撤防状态下，当入侵探测器机壳被打开、控制器箱门被打开、探测器电源线被切断、网络传输或信息连续阻塞超过 30s 时，监控中心均会产生声光报警。当有多个信号源对同一个安全防范设备分区进行信息发布时，优先级高的信号能自动覆盖优先级低的信号。安全防范系统支持编程管理，自动定时分区运行，具有分区强插功能，支持远程和具有权限的手机监控。安全防范系统具有报警、故障、被破坏、操作（包括开机、关机、设防、撤防、更改等）等信息的显示记录功能。记录的信息还包括事件发生时间、地点、性质等，记录的信息不能更改。

3.3.8 渡槽安全监测系统

3.3.8.1 渡槽安全监测布置

根据《水利水电工程安全监测设计规范》（SL 725—2016）、《水工设计手册（第 2 版）》的有关规定及渡槽（水闸）现状，在灌区的渡槽设置安全观测设备观测渡槽的沉降、应变及接缝位移等。此外，须在每个渡槽边配备观测房或观测站 1 个，用于自动化设备的安装，对今后的管理及设备的维护和检修都能起到较大的作用。

3.3.8.2 监测项目汇总及监测频次

根据上述布置情况，本工程监测项目汇总见表 3.3，监测频次表见表 3.4。

表 3.3 安吉县赋石灌区渡槽安全监测项目汇总表

序号	项目名称	渡槽长度/m	沉降测点/个	水准基点/个	表面应变计/个	双向测缝计/组	渗压计/支
1	瓦屋冲渡槽	160	8	3	6	2	
2	前村渡槽	473	16	3	20	5	
3	大官塘渡槽	130	8	3	6	2	
4	东山杆渡槽	204	8	3	6	2	
5	汤村坞渡槽	220	8	3	6	2	
6	燕子山渡槽	550	16	3	20	5	
7	土山岭渡槽	490	16	3	20	5	
8	下北寺渡槽	1000	20	6	32	8	
	合计	3227	100	27	116	31	

表 3.4 安 全 监 测 频 次 表

监测项目	监测频次			备 注
	施工期	试运行或运行初期	正常运行期	
垂直位移	1~3 次/月	1 次/月	1 次/年	高水位及出现险情情况下加密观测
应变	1~2 次/旬	1~3 次/旬	1~2 次/旬	
接缝位移	1~2 次/旬	1~3 次/旬	1~2 次/旬	
渗流压力	1~2 次/旬	1~3 次/旬	1~2 次/旬	

注 1. 表中测次，均系正常情况下人工测读的最低要求。如遇特殊情况（水位骤变、特大暴雨、强地震等）和工程出现不安全征兆时应增加测次。每次灌溉期前后必须进行监测。

2. 渡槽三维激光扫描辅助观测次数为 1 次。

3.4 信息化通信网络建设

赋石灌区信息化建设中涉及水情、雨情、流量、工程安全、视频图像和闸门控制系统数据传输，这些信息的传输需要网络系统来完成，即畅通的网络系统是灌区此次信息化建设能够顺利应用的前提，没有稳定、畅通的通信系统则无法实现数据的传输和统一处理，也就无法根据实时的数据来做出决策，无法提高工作效率和管理水平。因此需要建设通信网络以实现水情数据、视频数据和闸门控制系统数据的传输。

灌区信息传输依靠通信网络来实现。由于通信方式直接影响信息传输的正确性、时效性、安全性和可发展性，以及信息化建设的投资规模等，因此，信息传输的规划和设计对于灌区信息化建设来说是头等重要的事情。

赋石灌区主干渠长约 43.2km，中间各处水情监测点、视频点、闸控站点等星罗棋布，通信组网复杂，因此根据信息量和信息的重要性，建设传输网络和计算机网络，来实现灌区内信息传输、信息交换和信息存储的网络平台。

考虑到灌区需采集的信息点密集、分布范围广的特点，结合网络的技术性能以及今后管理维护等因素，且灌区图像监视的实时数据量较大且重要闸站计算机监控对网络实时性、可靠性要求较高，无线网络传输方式无法满足以上要求，故必须采用光缆通信的方式。雨量监测使用成熟的 4G 或 GPRS 公网无线传输。调度监控中心与上级管理部门，如

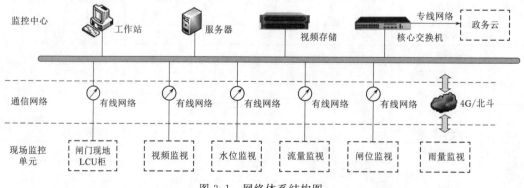

图 3.1 网络体系结构图

防汛办公室采用水利专网的方式;调度监控中心与各分控中心及管理处采用租用运营商VPN的方式。

在工程进行时,自行敷设光缆。光缆敷设沿渠道埋管布置,经过地势复杂路段可选择架空敷设的方式。网络体系结构图如图 3.1 所示。

3.5 调度指挥中心建设

调度指挥中心为赋石灌区信息化系统的主要工作场所,主要布置 1 套大屏显示系统,用于显示各路监控、监测图像画面、综合运行管理系统及各类数据报表;设置集成操作工作台 1 套,并配备图形工作站、监控工作站及管理工作站。通过集成的显示系统及中控系统,集中展现各项监控、监测数据信息及图像信息,全面展示赋石灌区运行工况。

3.5.1 大屏显示系统

目前,LED 高清面板电视属国际最领先的 LED 高清晰数码显示技术,融合了高密度LED 集成技术、多屏幕拼接技术、多屏图像处理技术、网络技术等,整套系统具有高稳定性、高亮度、高分辨率、高清晰度、高智能化控制、操作方法先进的大屏幕显示系统,可与监控系统、指挥调度系统、网络通信系统等子系统集成,形成一套功能完善、技术先进的信息显示及管理控制平台。整套系统的硬件、软件设计上已充分考虑到系统的安全性、可靠性、可维护性和可扩展性,存储和处理能力满足远期扩展的要求。

调度指挥中心大屏显示系统主要为小间距 LED 大屏。屏幕显示尺寸约 $19m^2$,整个显示系统由显示单元、图像拼接处理器和大屏控制管理软件及其支架、线缆等相关外围设备组成。

3.5.2 会商系统

会商系统共包括五部分:视频会议系统、会议发言系统、会议扩声系统、集中控制系统和大屏显示系统。赋石灌区会商中心与控制中心合并建设,中间以玻璃门隔断,大屏显示系统共用一套,同时在会商室安装一套投影设备。会商系统主要功能是为远程视频会商、本地会议、会议显示等业务提供直接支持,同时为值班、日常办公、调度决策、信息发布等应用系统业务提供通用底层的支持。

(1)视频会议系统主要包括:高清会议终端、高清晰摄像机、高清晰拾音麦克风、视频显示设备、红外遥控器。

(2)会议发言系统:数字会议系统采用手拉手连接话筒,配置主席单元和代表单元,用于代表发言,主席机具有掌控会议需要的全部功能。系统具有单元自动检测、创新发言模式设置、发言限时功能设置、系统海量视频预置等功能。

(3)会议扩声系统:会议室主要进行语言人声信号的传输兼顾音乐和其他影音资料音频信号的重播,在设计时重点考虑扬声器的分布以及声压覆盖的均匀,系统的相互信号的交流,做到各种音频信号重播清晰。系统主要由调音台、音频处理器、功放、音柱等设备组成。

（4）集中控制系统：中控集成控制系统通过触摸式无线控制器完成会议室几乎所有设备的控制，系统由中央控制主机、开关量模块、无线触摸控制屏等设备组成。

3.5.3 政务云租用

租用安吉县政务云，赋石灌区信息化系统内的所有数据备份存储到政务云上，同时把灌区运行管理平台布设在政务云上。

政务云分为专有云区和公有云区。专有云主要用于政府部门行政履职、业务管理应用需求，公有云区主要用于面向社会公众服务相关应用需求；专有云和公有云区逻辑隔离，通过政务外网的安全防护措施实现跨区域互访。省级政务云通过政务外网连通市级政务云以及省、市、县三级水行政主管部门自建机房和网络。

赋石灌区信息化系统内的所有数据备份存储到政务云上，同时把灌区运行管理平台主要应用部署在政务云的专有云区，通过政务外网实现与省水行政主管部门、市县水行政主管部门的数据共享和业务协同。局机关、管理站和各级乡镇管理员均可通过"云"平台上了解、查询和管理在其权限范围的事务。面向社会公众的部分应用部署在公有云区，用户通过"浙政钉""浙里办"入口使用对应服务。政务云网络体系架构如图3.2所示。

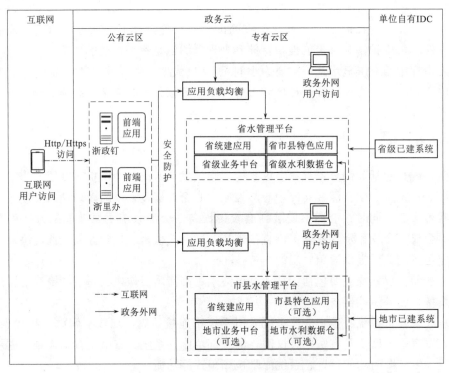

图 3.2 政务云网络体系架构图

3.5.4 分控中心

在赋石灌区渠首、中段、末端共选择3处分控中心，分控中心主要负责管理该段负责区域内的所有数据和图像，并把数据图像汇总上传至调度中心。

3.6 节水教育基地建设

灌区水文化包括灌区建设过程中形成的物质形态的文化、制度形态的文化、精神形态的文化。工程建设过程创造的精神文化、灌区工程规划体现的科学文化、管理运行过程中表现的管理文化经过传承和发展形成灌区历史水文化。

通过深入挖掘灌区传统水文化遗产，梳理灌区传统水文化遗产的科学内核，切实保护好灌区沿线各种物质和非物质文化遗产。通过文献、调查、走访等形式，系统地搜集、整理灌区历史变革、演变过程、重大事件、传说、遗迹、标志性工程等，提出纳入水利志、博物馆展览的水文化案例；提炼水利文化对不同历史发展阶段的作用及社会文明进步的影响。

通过图版、吸塑字、节水静物道具展示的形式，展现工业节水、农业节水和科技节水三部分节水内容，工业节水包括循环用水、中水回用、污水处理等；农业节水涉及农艺节水、生理节水、管理节水及工程节水内容，例如作物结构、耕作制度、管水体制机制、喷灌滴灌等技术；科技节水部分主要展示前沿节水科技，雨水收集利用、再生水技术、海绵型城市等。

重点设计灌区节水、农艺节水、水旱灾害等数字沙盘模型。数字沙盘融合虚拟仿真技术、三维动画技术、立体环幕技术、立体投影技术、边缘融合技术、多点触摸技术、多媒体技术、GIS系统、集中控制系统等多种技术模块，为参观者提供独特的内容展示，构建具有沉浸式的大型虚拟场景。

3.7 信息化服务平台建设

按照"五水共治"和标准强省建设的总体要求，以及省厅水利工程标准化运行管理平台建设导则和技术要求，围绕确保水利工程安全、持续、高效运行的目标，以落实水利工程管理责任和措施为核心，全面建立堤防标准化管理系统。明确堤防管理内容，实行信息化管理，实现工程管理信息化和精细化，提高工程管理效率。主要建设内容如下。

3.7.1 基础管理模块

对应水利工程运行管理5项主要内容，省、市、县各级水行政主管部门主要功能依据水利厅核心业务梳理的流程和事项，按5大功能22类事项为重点进行开发，具体如下：

（1）工程责任人落实。

（2）工程巡查与监测。以强监管的姿态，利用APP巡查到点直接捆绑。

（3）工程维修与养护。对巡查和监测中发现的问题，及时进行维修养护。

（4）工程安全鉴定。

（5）工程降等报废。

（6）工程安全应急预案。

（7）工程安全分析与评价。

（8）工程调度规程，需要提醒或督查管理单位开展规程编制或修编工作。

（9）控制运用计划编制审批。

（10）工程控制运行与调度。

（11）功能调整。

（12）效益分析与评价。

（13）工程注册、登记、备案。水库、水闸按水利部相关规定，分级办理注册手续。

（14）机构、人员、经费落实。

（15）数字工程。包括工情感知体系、工程三维仿真模型、人工智能。

（16）日常监督管理。

（17）专项督查管理。

（18）管理考核。

（19）政策与标准发布。

（20）工程"三化"改革。

（21）专项方案管理。工程除险加固等专项方案管理。

（22）在线服务。以在线提供培训课件等方式，对水管单位的职工进行在线培训。

3.7.2　视频监视模块

视频监视系统是使用工业级摄像机对河道、水库、渠道等水利工程所涉及的水位、流量进行监测；对水尺、过流情况、工程现场情况及闸门运行情况进行拍照；通过光缆或GPRS网络将水位、流量等数据信息及高清图片发送到上级管理单位。

水情监测等基础设施采集的信息由于只是数字信息，缺乏现场的真实感，当出现数值跳变或者错误数据时，往往都会由管理人员到现场进行数据核实。由于以上工作量较大，而且不能第一时间了解现场数值突变的情况。因此需要运用视频监视系统，来对现场情况进行定时拍照，通过现场的静态照片，直观方便地了解现场情况，为管理人员提供现场真实的资料。

管理人员通过系统可实现"自动采集＋自动拍照"工作方式，将每天定时定点现场观测水位及工程运行情况，并进行纸质记录、电话上报的工作状态，改为每天办公室计算机监测及一定时段的现场工程运行巡检，极大降低了一线工作人员的劳动强度，提高了工作效率。

通过系统实现的手机智能终端信息系统，管理人员可以随时随地查看实时水位和现场照片，了解水情动态，达到水情管理的 3A（任何时间 anytime、任何地点 anywhere、任何人 anyone）化目标。

灌区视频监视系统主要包括工程概况、实时数据监测、电子地图、水情历史数据查询、水情统计、智能终端、报警信息管理等模块。

3.7.3　量测水管理模块

目前灌区的量测水现状是，通过人工目测水尺读出水位，再通过流量换算公式计算出流量。这样的计算方式繁琐工作量大，并且缺少信息的时效性，造成人力资源的浪费；同时，大量水位、流量信息的存储和查询，也是一个潜在问题。

因此灌区需要建设量测水信息管理系统，根据灌区的量测水现状，结合明渠量水规范，将各种量水方法固化到系统中，用户可以方便快捷、直观有效地对所在灌区范围内的重要渠道、闸门、监测站等水利设施的水量信息进行测量、计量（遥测信息可以自动采集至系统中；人工观测信息可以通过观测人员手机短信或手工输入方式传输到系统中）。该系统根据预先设定的各量水站点的量水方式和参数，选用相应的计算公式，对传输过来的信息进行处理，快速生成相对准确的流量、水量数据，为灌区水资源的合理利用、灌区配水调度、防汛抗旱等工作提供有力的支持。

灌区量测水管理系统以水情信息采集为基础，实现水情信息的实时查询、统计分析及水情整编，并结合应用软件开发技术、数据库技术和地理信息技术，通过曲线拟合的手段推导适用性较强的水位-流量关系曲线，从而根据水位得到流量，为灌区的资源调度、水资源经营、工程建设以及综合利用提供科学依据，为灌区信息化管理工作提供数据基础。

灌区量测水管理系统主要包括水情录入、水情查询、流量关系管理、水情整编及水情统计五大部分。其中流量关系管理应包含以下最基本的量水形式：流速仪量水，标准断面量水，水工建筑物量水，特设量水设施量水，仪表量水。

3.7.4　配水调度模块

赋石灌区水源单一，合理地进行配水调度，提高水资源的使用效率是灌区的主要管理任务之一。灌区的配水调度制度多年来不断改进，目前虽然已经摸索出了较为适合灌区的一套调度管理措施，不过调度方式仍然还是采用之前的电话通知、电话下达指令的方式；另外，水资源的需求分析和用水计划的制订也是根据前一年的用水情况进行参考，不能有效利用当年的实测数据进行合理分析。针对以上问题，现急需对灌区现有的配水调度模式进行充分地抽象分析和业务梳理，对灌区配水调度管理进行统一整合和规范，建设配水调度管理系统，进一步提高灌区的工作效率。

灌区配水调度系统按照灌区的需水情况和工程供水能力，可以及时快捷地制订灌区及各级渠道的用水、配水计划，统计各级渠道灌溉进度、水的利用率和各用水户用水，并结合灌区实际，对用水计划进行必要的调整。

3.7.5　安全管理模块

将部门的安全生产管理按照部门—班组—小组—元素层次进行划分，对每个元素明确责任人，进行安全生产元素化管理。将发现的安全隐患信息输入系统，系统会以特殊颜色对该元素以及该元素所属的上级类别进行标识，并通过系统提醒、方式提醒相关人员及时处理。系统使用人员可以查看工作人员每次巡查、检查后发现的安全隐患以及这些安全隐患的处理意见和处理结果。安全管理包括历史非安全查询、复核操作、待查设置和元素安全管理。

3.7.6　协同管理模块

协同管理管理主要包括工程信息、人事组织管理、维修养护、应急管理、档案管理和达标考核管理。

3.7.6.1　工程信息

工程信息提供水库内各类工程的设计指标、技术参数、缺陷及其养护处理设施状态、鉴定评级、工程建设和加固改造情况、工程大记事等信息进行分类管理。

3.7.6.2　人事组织管理

人事组织管理主要对人事信息、组织机构、职责分工、岗位变动等信息进行采集、管理及辅助鉴定整理。

3.7.6.3　维修养护

维修养护以预算管理为控制手段，全过程管控设备日常维护和检修工作，提高设备检修资金利用率；对每年所有工程的维修、养护项目进行管理，方便进行查询统计。

3.7.6.4　应急管理

应急管理管理各类预案，包括预案和录入和报批及查询；按照预先设定各种参数的报警值，当设备参数超限时向相关人员报警，在线统计实时数据的超限情况，在线提供超限的开始时间、结束时间、最大值时间、累计时间等，并将数据保存到数据库中。

3.7.6.5　档案管理

档案管理包含工程技术档案管理和年度数据整编文档管理。发布完善的档案管理制度，支持档案信息的检索，可以根据档案名称、存档编号、存档日期、保管期限等检索所需的信息。各类文档管理可根据不同要求分别进行目录管理。

3.7.6.6　达标考核管理

达标考核管理模块能够按照有关工程标准化运行管理考核办法和标准，进行年度工程管理考核。

3.7.7　应急管理模块

灌区防汛预警系统是一套专门用于辅助灌区工作人员防汛减灾工作的软件系统，该系统应该能够实时检测各个重要防汛点的水情信息，并且在水情超过汛限水位的时候能够及时、准确地将汛情信息传达给相关的负责人。能够提高灌区洪涝灾害的预警水平，减轻防汛人员的工作压力，最大限度地减少灾害损失，实现使用智能的计算机软件来代替繁重的体力劳动，将更多的人力投入到防汛调度工作中去。

3.7.8　移动智能终端模块

由于基层水管单位，特别是乡站计算机普及率不高，即使配备了计算机，人员操作能力也有限，且在灌溉季节，基层水管工作人员基本不在计算机旁，量测水记录、用水需求信息、引配水信息、水费情况以及工程运行情况等信息不能及时、准确地反馈给主管领导与农户；同时，由于灌区面积广大、渠道所处地形复杂、水利建筑长分布比较分散等原因，实现有线的监控管理难度很大。

借助移动智能终端模块，灌区管理人员可以便捷地查询用水需求信息、水库与渠首的水情日报表，做出配水调度决策，发布配水指令；基层水管人员可以及时上报量水点的水情信息；灌区各级管理人员可以在现场通过智能终端随时拍摄水库、水闸、渠道等工情图片并通过无线网络回传到信息中心；农户也可以足不出户随时随地查询自家应交水费与交费情况。方便了灌区管理人员宏观管理，监督乡站巡回工程检查，以及促进了基层水管工作的顺利开展，更好地为广大农户服务。

第 4 章

安吉灌区的数字化建设

4.1　数字化改革方向

以新时代中国特色社会主义思想为指导，全面贯彻党的十九大和十九届二中、三中全会及浙江省第十四次党代会精神，积极践行"节水优先、空间均衡、系统治理、两手发力"的治水思路，准确把握新时期"水利工程补短板、水利行业强监管"的水利改革发展总基调，深刻领会浙江省深化"最多跑一次"改革、推进政府数字化转型部署要求，按照"补短板、强监管、走前列，推动浙江水利高质量发展"的总要求，以水利实际业务需求为导向，以构建数据共享和业务协同两大模型为基本方法，以促进物联网、大数据、人工智能等新技术与水利业务深度融合为基本手段，全面提升浙江省水利全过程数字化履职水平，强力驱动浙江省水治理体系和治理能力现代化。

按照浙江省政府数字化转型统一部署，全面推进水资源保障、河湖库保护、水灾害防御、水发展规划、水事务监管和水政务协同等水利核心业务数字化转型，深入细化水利核心业务梳理，聚焦数据共享和业务协同，实现业务流程优化再造；依托数字政府"四横三纵"公共基础资源和规范框架体系，建立全省统一水利数据仓，研发数据中台和业务中台，实现省、市、县三级水利数据资源和微应用的共建共享，建成在线互联、数据共享、业务协同、决策支持的全行业统一的主要工作平台，实现水利核心业务"网上办""掌上办"，为水利履职提供技术支撑，推进水治理体系和治理能力的现代化。

4.2　数字化建设的理论支撑

安吉县是习近平总书记"绿水青山就是金山银山"理念诞生地，是中国美丽乡村发源地和绿色发展先行地。安吉县在十多年的发展实践中，坚定不移地走"绿水青山就是金山银山"的发展道路，生态是安吉的特色，绿色是安吉的底色，安吉始终坚持生态立县不动摇，持续守护绿水青山。

赋石水库灌区是安吉县的生命之渠，其有稳定水源，且水质良好，拥有较完善的输配水和供水系统，在水资源优化配置和调度中起重要作用。以灌区的节水配套改造建设为中心，节约水资源，减少不必要的消耗，提高灌溉用水效率，节余水量用于生态环境维护，对改善水土环境、保护灌区生态系统有着重要意义。践行"两山"理论，助力生态建设，赋石水库灌区责无旁贷。

4.3　灌区数字化建设道路

赋石水库灌区经过一、二期节水配套改造，灌区输配水能力得以提高，农业支撑能力有较大的提升，抗旱、排涝能力提升显著。但灌区仍存在部分设施老化、信息化程度不高、水生态体系不健全等问题，与"节水高效、设施完善、管理科学、生态良好"的现代化灌区要求有一定差距，为提高灌区农业综合生产能力和灌溉水利用效率，赋石水库灌区续建配套与节水改造项目的实施是十分必要的。

本次项目建设将围绕"十四五"大中型灌区补板提档升级与现代化改造思路和要求，并结合安吉县赋石水库灌区实际需求，建设赋石水库灌区续建配套与节水改造信息化系统，加快深化灌区的数字化建设，努力走出一条引领浙江省乃至全国的中型灌区数字化建设成功之路。

4.4　灌区建设目标

4.4.1　业务目标

安吉县赋石水库中型灌区续建配套与节水改造信息化系统将打造统一的"智能"灌区管理信息化系统，实现"全局一盘棋"的灌区综合管理，以"云平台＋大数据＋业务应用"为总体思路，通过"多元感知、二应用、一图、一库、一平台"，保证系统的一致性，以及满足未来可持续性的发展需求。结合水利大数据、水利模型与人工智能，对灌区管理的各项业务均衡发展进行科学、智能的管控与决策。

4.4.1.1　基础设施体系建设

根据水利工程管理数字化要求，结合灌区特性和运行管理需求，对赋石水库灌区工程感知对象和感知手段进行深入分析。水利工程感知对象可分为水文气象类、水利工程类和运行管理类等几个方面，感知由对象到内容再到要素，感知结果为结构化数据和非结构化数据。感知手段从传统的以传感器直接监测为主的方式，转变为基于物联网、北斗高精度GNSS、高精度GPS监测等传感、定位、遥感技术，建立空天地一体化的监测网络，实现水情、雨情、流量、闸位、工程安全及图像六大感知系统的实时在线监测监控，跨区域、行业交换和共享，需形成新型一体化的自动感知体系。

4.4.1.2　数据资源体系建设

梳理灌区的数据资源，构建数据前置库，灌区前置库的建设包含对感知体系、自动化控制、业务应用等数据的共享数据接入、数据整编、数据专题分析过程的建设。

4.4.1.3　应用支撑体系建设

根据赋石水库灌区取水、供水、用水管理的业务需要，利用数学模型、管理技术、水利模型等，对水利领域的业务数据进行分析计算加工应用，构建以多源感知预报模型、多目标动态配水模型和智能灌溉决策模型为主的智慧灌区水资源运行调度模型，为赋石水库灌区各业务科室提供业务技术管理服务，构建覆盖灌区全业务领域的应用支撑体系。

4.4.1.4　业务应用体系建设

结合水利部智慧水利要求，对实时水雨情、安全监测、视频监控等大数据进行深度学习，以工程管理为主线，构建"上下联动、横向协同"的工程运行管理与监管管理体系，将工程运行管理规程和行业监管模块化、流程化、数字化，并依托自动监测、遥感遥测、物联网等感知手段，运用大数据、云计算及人工智能等分析技术，构建基于大数据的预报调度、动态监控、实时诊断等分析研判模块，融合嵌入到信息服务平台。研究全生命周期数据与灌区健康之间的关系，运用模糊理论和大数据分析等分析模型，建立实时诊断、预报预警和应急处置于一体的安全诊断与预警决策系统，对工程运行"实时监测""动态监管""自动预警"和"远程问诊"，实时掌握工程健康状况，对安全隐患和异常状态进行前置预警，提高水利工程健康生命周期。利用基础设施体系、数据资源体系和应用支撑体系提供的各类资源，建设具有业务管理与智慧分析研判功能的，涵盖工程运行管理、行业监督管理、上下协同办公、智能分析研判等工程全生命周期的灌区信息服务平台。

4.4.1.5　支撑保障体系建设

根据浙江省数字化改革需要，结合水利部智慧水利的要求，在浙江省政府的政策制度、标准规范、组织保障和网络安全的整体框架下，安吉县赋石水库中型灌区续建配套与节水改造信息化系统通过强化网络安全技术支撑、健全网络安全管理机制和保障网络安全日常运行，构建严密可靠的网络安全体系。

4.4.2　技术目标

4.4.2.1　性能目标

安吉县赋石水库中型灌区续建配套与节水改造信息化系统具有实时性强、业务处理复杂等特点，根据平台的系统功能和性能的需求分析，客观上要求系统在运行效率以及系统可靠性和安全性等方面应达到以下目标：

（1）稳定性。系统软硬件整体及其功能模块具有稳定性，在各种情况下不会出现死机现象，更不会出现系统崩溃现象。

（2）可靠性。系统数据维护、查询、分析、计算的正确性和准确性。

（3）友好性。对使用人员操作过程中出现的局部错误或可能导致信息丢失的操作能推理纠正或给予正确的操作提示。

（4）可维护性。系统的数据、业务以及涉及电子地图的维护能方便、快捷。

（5）安全性。保障系统数据安全，不易被侵入、干扰、窃取信息或破坏。

（6）可扩展性。系统从规模上、功能上易于扩展和升级，应制定可行的解决方案，预留相应的接口。

（7）易操作性。系统直观、简洁、易学易用、尊重使用人员工作习惯。

（8）时间特性。系统涉及多个科室，业务流程复杂，对系统的响应时间、更新处理时间、数据转换与传输时间及运行效率都有一定的要求，因此，在系统设计等方面要有所考虑，采用高效合理的方法，以提高系统运行效率。

（9）适应性。系统在操作方式、运行环境、与其他软件的接口以及开发计划等发生变化时，应具有适应能力。

4.4.2.2 网络与信息安全目标

根据数字化改革要求，安吉县赋石水库中型灌区续建配套与节水改造信息化系统需部署在政务云上，依托政务云提供的计算、存储和网络资源进行建设和部署。信息化系统依照网络安全等级保护二级标准进行建设，并制定相应的网络安全应急预案，设定预警及响应等级，提高处置突发事件的能力，保障平台安全、稳定、高效的运行。

4.5 物联网感知体系建设方案

4.5.1 水位监测系统

根据赋石水库灌区的实地勘查结果，前期灌区信息化工程和国控水资源项目已建有水位监测站共计 32 处，本次项目需根据已建水位监测站布置情况来补充和完善灌区水位监测点。另共有 7 处渡槽和节制闸相临（瓦屋冲渡槽、钱坑边渡槽、施家庄渡槽、大官塘渡槽、梅林渡槽、燕子山渡槽、下北寺渡槽），节制闸下游水位监测站可与渡槽水位监测站共用。

在赋石水库灌区主干渠道的重要部位布置水位监测站，包括在节制闸和退水闸的上下游、重要渡槽进口、隧洞进口安装水位监测设备，实时监测灌区内的水位情况为灌区的运行调度提供数据支撑。物联网设备按照《湖州市物联网感知设备接入技术规范（试行）》建设，待县级物联网平台建设完成后接入。在节制闸和退水闸的上下游各安装一套水位监测设备，若节制闸与退水闸临近，上游水位共用一套设备；选取主干渠中 14 处渡槽和 12 处隧洞，在渡槽和隧洞的进口处安装一套水位监测设备，若渡槽和节制闸临近（7 处），则与节制闸下游水位测量设备共用。其中赋石水库灌区前期信息化工程已建水位监测点和国控水资源项目建设水位监测点，只需把数据接入赋石水库灌区信息化平台。

4.5.1.1 系统组成

水位监测系统主要由雷达水位传感器、传输终端、供电系统组成。雷达水位传感器采集的实时水位数据通过传输终端与光纤网络通信方式，将测得的数据传送至云服务器进行数据解析；解析后的数据通过数据前置库进行数据专题分析，最终通过灌区信息服务平台和运行监管一张图进行展示，从而达到自动采集、自动传输和自动显示水位信息的目的，为灌区的运行调度提供数据支撑。对有可能出现危险情况的水位数据信息进行预警预报，方便管理人员核实数据，进行相应的预防措施。水位监测系统的组成如图 4.1 所示。

水位监测系统包含水位计、传输终端、供电系统等设备，是全天无人值守的站点，能够进行全天候工作，并且可以实时采集、传输、接收现地水位信息，实现实时动态显示的功能。

1. 水位计

灌区水闸、渡槽和隧洞水位监测站采用雷达水位计进行水位测量，水源地库区水位遥测站采用浮子式水位计进行水位测量。雷达水位计采用节能雷达脉冲技术测量液位，前夹

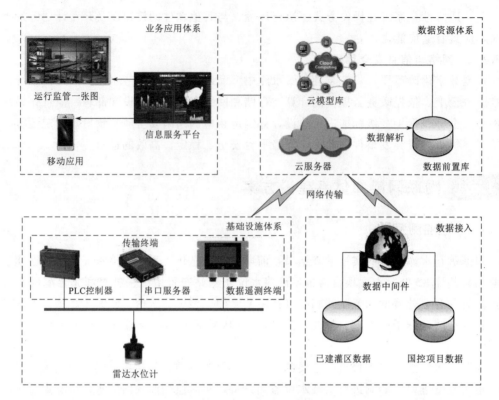

图 4.1　水位监测系统结构图

板中有发射和接收两个平滑天线，每次测量时发射天线发射雷达脉冲信号到水面，脉冲信号经水面反射后被接收天线检测到。从发射到接收到水面反射回来的脉冲信号的时间（延迟时间）取决于雷达式水位计与水面的距离，雷达式水位计就是利用延迟时间跟到水面距离之间的线性关系来实现液位（距离值）的测量。

2. 传输终端

采用 PLC 控制器、串口服务器或数据遥测终端（RTU）作为传输终端。水闸上下游水位监测站需将水位数据通过 PLC 控制器接入闸门控制系统中进行传输，渡槽及隧洞进口水位监测站通过串口服务器进行联网集中管理，水源地库区水位遥测站通过数据遥测终端（RTU）将数据直接发送至云服务器中。

3. 供电系统

通过现场勘查，除水源地库区水位遥测站外，水闸、渡槽和隧洞水位监测站旁均布置有视频监控系统，水闸、渡槽和隧洞水位监测站可与视频监控系统共用同一电源，水源地库区水位遥测站采用太阳能供电系统方式供电。

4. 网络通信方式

水位监测系统采用光纤网络通信方式和 GPRS/北斗通信方式传输数据。水闸、渡槽和隧洞雷达水位计采集的水位监测数据由传输终端通过自建光纤网络将数据传输到调度指挥中心，再由调度指挥中心通过政务云专用链路将数据传输至政务云服务器，水源地库区水位遥测站采用 GPRS/北斗的方式直接发送至云服务器。水位监测数据经云服务进行解析后存入数据前置库。

4.5.1.2　设备安装调试

1. 雷达水位计

（1）安装位置：雷达水位计应垂直安装在待测水面上。从雷达水位计探头到水面之间的周边，保证探头的发射角内不能有障碍物，其示意图如图 4.2 所示。

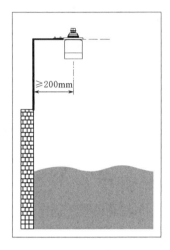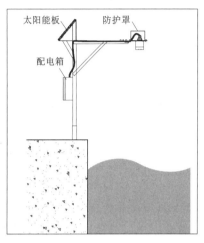

图 4.2　雷达水位计安装位置注意事项及安装示意图

（2）安装内容：雷达水位计探头、安装支架、数据线缆等。

（3）安装步骤。

1）连接好雷达水位计端的数据传输线缆，并按要求将其密封好，以防雨水进入仪器电气部分。将连接好的线缆穿入悬臂钢管内部以起到保护的作用。

2）将雷达水位计探头使用安装法兰在悬臂前端固定牢靠，将安装好雷达水位计探头的悬臂伸到观测水面位置并固定。

3）将数据线缆另一端接入传输终端。

4）安装支架侧臂与安装支架之间要有支撑杆，要求侧臂与支撑杆能够旋转、放下，便于检修。

（4）调试步骤及要求。

1）将雷达水位计上电，待测量稳定后，人工测量水面到雷达水位计探头的距离，检查人工测量值是否与输出数据值一致。

2）改变雷达水位计探头到待测水面的高度，用以上方法测量探头在不同水位上方的高度数据，其输出应与人工测量值一致。之后，按照操作手册将数据值设置为水位值。

（5）设备选型。

1）产品简介。PWRD92H 型雷达水位计采用 26G 高频雷达式水位测量仪表，新型的快速的微处理器可以进行更高速率的信号分析处理，使得仪表可以用于非常复杂的测量条件。

2）工作原理如图 4.3 所示。高频微波脉冲发射较窄的微波脉冲，经天线向下传输，微波接触到被测介质表面后被反射回来，再次被天线系统接收并将其传输给电子线路部分自动转换成水位信号（因为微波传播速度极快，微波到达目标并经反射返回接收器这一来回所用的时间几乎是瞬间的）。

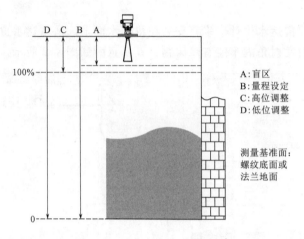

图4.3　雷达水位计工作原理图

3）技术参数。具有微波处理整合系统功能，自带波动补偿，消除风力及桥梁振动影响，仪器检测应符合《水位测量仪器通用技术条件》（GB/T 27993—2011）。

2. 串口服务器

串口服务器尺寸规格如图4.4所示。

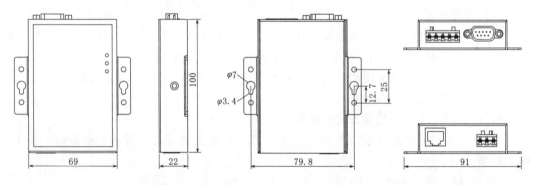

图4.4　串口服务器尺寸规格图（单位：mm）

（1）安装步骤。

1）电源线接入：将电源适配器与串口服务器连接，由于串口服务器工作电源要求是DC12～30V，接电源之前应先检查电源适配器的输出电压是否满足要求（12～30V），在接线时要注意电源正负极别接反，适配器的电源正接串口服务器电源端的正极。

2）网络线接入：利用网线将串口服务器的网络接口端与网络交换机相连即可。

（2）设备选型。

1）产品简介。NP301型串口服务器是一款能让串口设备立即具备联网能力的串口联网服务器，它可以把分散的串行设备、主机等通过网络进行集中管理。该产品采用壁挂式安装方式，能满足赋石水库灌区基础设施体系建设点位的需求。

2）功能特点。

a. 串口服务器支持多种网络协议，如 TCP、UDP、ARP、ICMP、HTTP、DNS 和 DHCP 协议；拥有完善的管理功能，支持访问控制、快速配置、在线升级等；每路串口支持 4 路 TCP 或 UDP 会话连接，支持 TCP Server、TCP Client、TCP Auto、UDP、高级 TCP Server 和高级 UDP 等多种工作模式；支持 AT、Web 等访问方式。另外，配套提供的基于 Windows 平台的管理配置工具，能够一步步引导用户对设备进行管理配置，通过简单的设置实现串口设备立即联网。网管系统界面设计友好，操作简单方便，能带给用户良好的体验。

b. 硬件采用无风扇、低功耗、宽温宽压设计，通过符合行业标准的严格测试，能够适应对 EMC 有严酷要求的工业现场环境，可广泛应用于 PLC 控制与管理、楼宇自控、医疗保健自动化系统、测量仪表及环境动力监控系统等。

3）技术参数。考虑系统匹配性要求，串口服务器应与接入交换机同一品牌。

3. 浮子式水位传感器

（1）安装位置。浮子式水位计应安装在水位测井内。

（2）安装内容。浮子式水位计安装内容为轴角编码器和浮子感测部分（包括浮子、平衡锤、悬索及水位轮等）。

（3）安装步骤。

1）以测井中心为基准参考点，将水位计底板放在工作平台上。

2）将悬索与平衡锤固定或锁紧，慢慢将平衡锤放至井底。

3）悬索另一端绕于水位轮，留长 1～1.5m，剪断后与浮子固定或锁紧。

4）将浮子慢慢沉放入测井，直至接触水面为止。

5）将悬索挂于水位轮上直至平衡。

6）调节水位计底板，使浮子、平衡锤与测井内壁应保持不小于 3cm 的距离。

7）如浮子、平衡锤、悬索及水位轮一切正常，可紧固水位轮及水位计底板。

8）校对水位时，将悬索提起，使之稍微离开水位轮，用手缓慢拨转水位轮，直至与水尺水位相符，再将悬索放回水位轮。

（4）设备选型。

1）产品简介。WFH-2A 型浮子式水位传感器用于观测江河、湖泊、水库、水渠、地下水等水体水位的变化，并将这种变化通过机械编码的方式转换为开关数字量输出，可供水文站网、防汛、水资源水环境监测以及相关科研部门进行水位数据的采集、传输、处理、显示、记录和存储等。

2）功能特点。WFH-2A 型浮子式水位传感器执行并符合《水位测量仪器　第 1 部分：浮子式水位计》（GB/T 11828.1—2019）标准。

WFH-2A 型浮子式水位传感器适用于具有垂直水位测井的水位观测站。

4. 数据遥测终端

（1）安装步骤。

1）根据安装要求确定遥测终端安装的位置。

2）固定遥测终端。在选定的安装位置将遥测终端固定在设备箱内。

3）连接接地线。将遥测终端机箱接地螺栓与地网接地极用接地线连接，接地线用镀锌钢管进行保护，户外部分应将保护管埋于地面 20cm 以下处，室内部分应沿墙壁引到遥测终端。

4）遥测终端接线。在确保给遥测终端断电的情况下按照遥测终端说明书进行接线。

（2）设备选型。

1）产品简介。YR-4000 是一款支持 4G 全网通的遥测终端机。可连接多种传感器，包括水位计、雨量计、风向风速仪等各种水文、气象传感器。

2）功能特点。

a. 随着 2G 网络逐渐退出历史舞台，4G 成为主流的通信方式。但是在偏远的测站，运营商信号未覆盖的地方依然存在 4G 信号不佳的情况，YR-4000 全面支持 4G 全网通通信功能，向下兼容 3G/2G 通信模式，支持三大运营商，从此告别现场无信号的局面。同时根据现场的网络情况，提供灵活的频段锁定功能，保证现场网络通信的可靠。

b. 浙江地处江南，环境湿度大，温度的变化容易在机箱内部形成凝结水，从而对设备的工作状态产生影响，严重时可造成通信终端甚至设备损坏，YR-4000 采用全密封设计，360°无死角防护，防水等级可达 IP67，降低环境湿度对设备的影响。

c. YR-4000 设备无屏幕无按键，依靠手机 APP 和设备进行数据交互，具备较高的数据安全特性。同时手机 APP 实施设备白名单管理，未授权的 APP 将无法连接设备，进一步提高了系统安全。

5. 北斗通信模块

通过北斗通信模块实现装置与终端的通信，北斗天线和北斗通信模块以双工模式工作。

（1）安装步骤。

1）旋下主机底部的盖板，里面为 SIM 卡安装位置，装上 SIM 卡，并记下其 SIM 卡号码。

2）将北斗车载主机安装于设备箱或者立杆上并固定好。注意：勿选择高温或离空调较近的位置，因为高温易缩短该设备使用寿命；离空调过近，空调冷凝水易进入主机，会造成设备短路、烧毁。

3）安装 BDS 天线及 GSM 天线：将 BDS 天线的吸盘向下（有吸盘的一面为平面），放置在水平面位置上，必要时可用双面胶固定。注意：BDS 天线与天空之间不允许有任何的金属屏蔽物，否则将影响卫星信号接收，GSM 天线也不允许安装在金属屏蔽物内。

4）接通电源，连接终端机。

（2）调试步骤。

1）请确定 BDS 天线和 GSM 天线是否插紧，安装接口是否正确，SIM 卡是否装好。

2）确定所有配件都与北斗主机正确连接后再上电。

3）北斗设备不防水，注意放置在不易进水且散热良好的地方；各个设备和器件的连接线请隐藏安装，以避免人为无意或有意的损坏。

4）全部的设备安装完毕后，请启动终端机等待数据接收，检查终端机上是否有北斗信号或接受的北斗数据是否正常。

（3）北斗通信模块性能验收。

1）检查北斗通信模块的信号线是否连接紧固。

2）遥测终端上电 5min 后观察其信号强度显示是否达到要求。

3）关闭遥测终端的 GPRS/4G 通道并上电 15min 后观察接收平台是否接收到心跳包和实时数据。

4）检查北斗通信模块是否固定妥当。

（4）设备选型。

1）产品简介。YTT-1-01 型北斗通信模块主要用于民码定位、授时、短报文通信，北斗通信模块具有北斗、GPS 双模导航、北斗定位、北斗数字报文通信、军用标准时间显示、军用标准时间 NTP 授时功能。

2）功能特点。

a. 主机采用一体化设计，体积小，重量轻。

b. 具有北斗、GPS 双模导航，北斗定位，数字报文通信等功能。

c. 安装简便，使用方便。

4.5.2 流量监测系统

4.5.2.1 布点原则

（1）选择干渠的代表渠段或节制闸的平直段建设流量监测点，了解灌区整条干渠引水、配水情况。

（2）选择灌区主要支渠口、分水口建设流量监测点，了解灌区配水情况。

（3）选择灌区主要渡槽进水口建设水位测点，测算流量，了解渡槽水位、干渠流量情况，为灌区的防汛、配水调度提供数据支持。

4.5.2.2 现场勘察

对赋石水库灌区进行实地勘查，干渠适合选用多普勒流速仪测流。赋石水库灌区共有分水口 57 处，其中板塔（K13+805）、陈塔（K14+480）因支渠灌溉范围已改工业园区，此两处分水口暂不纳入建设。另在前期灌区信息化工程和国控水资源项目中已建设有流量监测站共计 21 处。

在渠首段 0+150（渠首节制闸下游 150m 处）、干渠中段 20+930（枫树塘节制闸下游 150m 处）和渠尾段 40+953（天子岗节制闸下游 150m 处）选用多普勒流速仪测流，实时监测分析渠道流量。水位监测系统布置的渡槽水位监测站可通过断面率定的方式，采用水位-流量关系法计算流量。本次项目在流量大于 $0.1m^3/s$ 的分水口（34 处）管道处安装电磁流量计、超声波流量计，实时测量出水口流量。物联网设备按照《湖州市物联网感知设备接入技术规范（试行）》建设，待县级物联网平台建设完成即接入。

4.5.2.3 系统组成

流量监测系统主要由流量计、串口服务器、供电系统等组成。流量监测系统整体拓扑如图 4.5 所示。

流量监测系统包含流量计、传输终端、供电系统等设备，是全天无人值守的站点，能够进行全天候工作，并且可以实时采集、传输、接收现地流量信息，实现实时动态显示的功能。

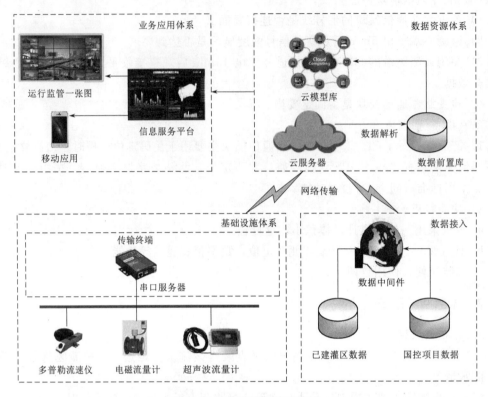

图 4.5 流量监测系统组成图

4.5.2.4 设备安装调试

1. 多普勒流速仪

（1）安装设计。

声学多普勒流速仪安装位置的选择应从安装水深、水草干扰、航运干扰、固定稳定度、保护措施、便于检修、防雷接地等方面考虑，以保证其符合仪器使用要求。

声学多普勒流速仪需安装在渠道底部最低水位以下、淤泥层以上，在最低水位时需保证声学多普勒流速仪能够测量到本断面的主流位置，测量数据具有代表性。具体位置可根据现场情况进行布设。

（2）安装方式。

声学多普勒流速仪适宜在枯水期安装。采用滑轨斜拉式安装支架，实现在有水的环境下对设备进行更换及维护。安装示意图如图 4.6 所示。

（3）设备选型。

1）产品简介。FUC660－2M－P 型多普勒流

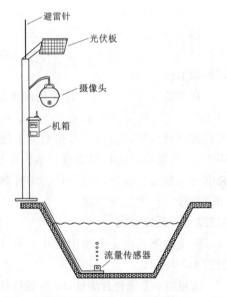

图 4.6 拉伸式安装示意图

速仪，工作频率为 2000Hz，采用高质量的水平剖面数据，适用于测量 8m 内宽的河道流速、流量。采用底部安装，具有智能声波脉冲功能。

2）测量原理。声学多普勒剖面流量仪（ADCP）是利用声学多普勒效应进行测流的设备。从设备的换能器发出一定频率的脉冲，当该脉冲碰到水中的发射物体（如悬浮物质）后产生回波信号，该回波信号被声学多普勒流速仪接收。悬浮物质会随水流而漂移，从而产生多普勒效应（即回波信号的频率与发射信号的频率之间产生一个频差），通过测量得到的多普勒频移可得到相应点的流速。

声学多普勒流量仪安装的超声波换能器既是发射器又是接收器。换能器发射的声波能集中于较窄的范围内，称为声束。假定悬浮物质的运动速度和水体流速相同，当悬浮物质的运动方向是接近换能器时，换能器接收到的回波频率比发射波的频率高；当悬浮物质的运动方向是背离换能器时，换能器接收的回波频率比发射频率低。

2. 电磁流量计

（1）安装设计。电磁流量计采用分体式电磁流量计。分体式一般用于现场维护及调试时读数不方便的场合或环境较恶劣的应用场合；或用于测量大口径的流量（一般口径≥500mm 时），更便于维护。分体式电磁流量计外形尺寸如图 4.8 所示，转换尺寸如图 4.7 所示。

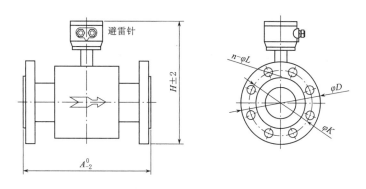

图 4.7 分体式电磁流量计外形尺寸

A—流量计导流管长度；H—流量计高度；n—螺栓孔数量；L—螺栓孔直径；

K—螺栓孔中心圆直径；D—法兰外径

（2）电气连接。电磁流量计转换器详细接线图如图 4.9 所示。

接线时应注意：

1）RS-485 通信线缆需要使用两芯双绞屏蔽线。

2）电源线与 DC4～20mA 信号线不可使用同一条线缆，需要两条线缆分开接线。

（3）功能特点。

1）测量精度不受流体的密度、黏度、温度、压力和电导率变化的影响。

2）测量管内无阻碍流动部件、无压损。

3）结构简单，安装方便，对直管段要求不高。

4）无机械惯性，反应灵敏，可以测量瞬时脉动流量，而且线性好。

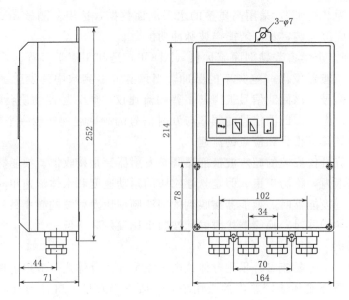

图 4.8 分体式电磁流量计转换尺寸（单位：cm）

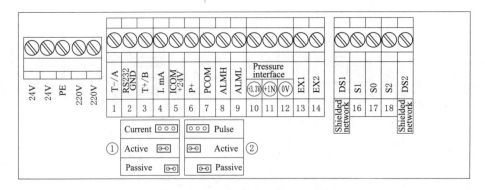

图 4.9 电磁流量计详细接线图

5）传感器部分只有衬里和电极与介质接触，只要合理选择电极和内衬材料，即可耐腐蚀和耐磨损，保证长期的使用。

6）采用多电极结构，精确度高，配备接地电极，无需接地环，节省成本。

7）断电时，EEPROM 可保存设定参数和累积流量值。

8）转换器采用低功耗的单片机数据处理，性能可靠，精度高，功耗低，零点稳定。点阵 LCD 显示累积流量、瞬时流量、流速、流量百分比等参数。

9）双向测量系统，可测正、反向流量；低频矩形波励磁，流量稳定性提高，功率损耗低，低流速特性优越。

（4）测量原理。电磁流量计根据法拉第电磁感应原理工作，在测量管轴线和磁场磁力线相互垂直的管壁上安装一对检测电极，当导电液体沿测量管轴线运动时，导电液体作切割磁力线运动产生感应电势，此感应电势由测量管上两个检测电极检测。其示意图见图 4.10。

感应电动势大小为

$$U = K \times B \times V \times D$$

式中 U——感应电动势；

      K——仪表常数；

      B——磁感应强度；

      V——测量管横截面内的平均
流速；

      D——测量管的内直径。

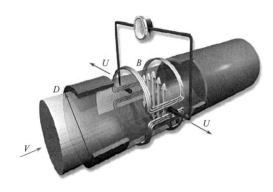

图 4.10　测量原理图

3. 超声波流量计

（1）产品尺寸，如图 4.11 所示。

（2）安装要求。换能器发射超声
波脉冲时，都有一定的发射开角。从换能器下缘到被测介质表面之间，由发射的超声波波束所辐射的区域内，不得有障碍物，因此安装时应尽可能避开杂物。在无法避开的情况下，安装时须进行"虚假回波存储"。

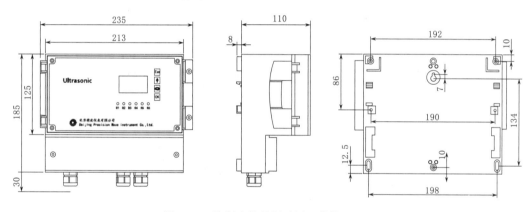

图 4.11　控制表结构尺寸图（单位：cm）

（3）设备选型。

1）测量原理。

超声波流量计的工作原理是由换能器（探头）发出超声波脉冲遇到被测介质表面被反射回来，部分反射回波被同一换能器接收，转换成电信号。超声波脉冲以声波速度传播，从发射到接收所需时间间隔与换能器到被测介质表面的距离成正比。此距离值 S 与声速 C 和传输时间 T 之间的关系可以用公式表示：$S = CT/2$。

由于发射的超声波脉冲有一定的宽度，使得距离换能器较近的小段区域内的反射波与发射波重叠，无法识别，不能测量其距离值。这个区域称为测量盲区。

2）技术特点。

a. 由于采用了先进的微处理器和独特的 EchoDiscovery 回波处理技术，超声波物位计可以应用于各种复杂工况。

b. "虚假回波存储"功能使得仪表在多个虚假回波的工况下，可正确地确认真实回波，并获得准确的测量结果。

c. 换能器内置温度传感器，可实现测量值的实时温度补偿。

d. 超声波换能器采用最佳声学匹配的专利技术，使其发射功率能更有效地辐射出去，提高信号强度，从而实现准确测量。

3）技术参数。具有微波处理整合系统功能且自带波动补偿可消除风力及桥梁振动影响，自带一体化现场显示及编程器。

4.5.3　雨量蒸发系统

4.5.3.1　布点原则

（1）面雨量站应在大范围内均匀分布，配套雨量站应在配套区域内均匀分布。

（2）应能控制与配套面积相应的时段雨量等值线的转折变化。不遗漏雨量等值线图经常出现极大或极小值的地点。

（3）在雨量等值线梯度大的地带，对防汛有重要作用的地区，应适当加密。

（4）暴雨区的站网均应适当加密。

（5）区域代表站和小河站所控制的流域重心附近，应设立雨量站。

（6）应布设在生活、交通和通信条件较好的地点。

4.5.3.2　点位布置

在赋石水库灌区主干渠道边新增 2 个雨量蒸发监测站，雨量蒸发站观测场地不小于12m（东西向）×12m（南北向）。雨量蒸发站建设情况见表 4.1，物联网设备需按照《湖州市物联网感知设备接入技术规范（试行）》建设，待县级物联网平台建设完成即接入。

表 4.1　　　　　　　　　　　雨量蒸发系统布置表

序号	点位	建设情况	数量	序号	点位	建设情况	数量
1	板塔	已建	1	3	横塘	新建	1
2	铁板冲	已建	1	4	天子岗湖	新建	1

4.5.3.3　系统组成

雨量蒸发系统主要由翻斗式雨量计、自动蒸发站、数据遥测终端等组成，其中翻斗式雨量计测量雨量，自动蒸发站计量蒸发量，雨量和蒸发量数据通过数据遥测终端利用GPRS 无线信号传输至云服务器。系统组成如图 4.12 所示。

1. 雨量蒸发站

雨量蒸发站采用自报式、查询应答式相结合的遥测方式和定时自报、事件加报和召测兼容的工作体制。雨量蒸发站主要是由一个数字式水位测量系统、一个翻斗式雨量计和一个由单片计算机为核心的电气控制装置组合在一起的机电一体化设备，用于检测蒸发桶水位，控制补水泵和排水阀动作。蒸发计与采集器通过系统内部 RS-485 通信总线通信。

2. 传输终端

采用数据遥测终端（RTU）将数据直接发送至云服务器中。数据遥测终端每 5min 将采集到的雨量、蒸发数据上传到云端服务器，当雨量超过警戒线时会进行加报。当工作人员需要及时了解某监测站的信息时，也可通过远端的控制中心进行召测，即能触发该监测站，按工作人员的要求向中心站发送数据。

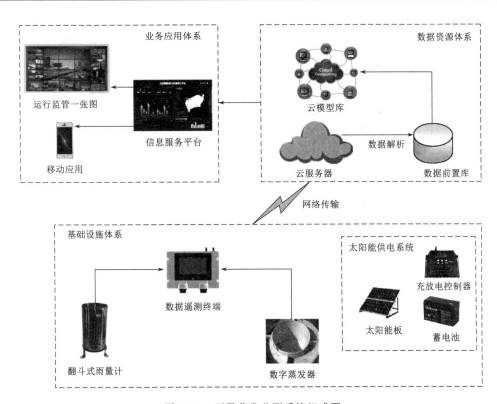

图 4.12　雨量蒸发监测系统组成图

3. 供电系统

通过现场勘查，发现雨量蒸发站离主干渠道较远，取电不便，且雨量蒸发系统皆采用低功耗设备，故雨量蒸发系统宜采用太阳能供电系统方式供电。

4. 网络通信

数据遥测终端采集数据后通过 GPRS 的方式直接发送至云服务器，雨量蒸发数据经云服务进行解析后存入数据前置库。

4.5.3.4　安装调试

1. 数据遥测终端

数据遥测终端选用 YR-4000 终端机，其安装步骤同前。

2. 自动蒸发站

（1）蒸发桶埋设。自动蒸发站的蒸发桶埋设要特别注意稳固性，安放蒸发桶的坑底可倒入适量黄沙，有利锥形底的吻合。蒸发桶除用水平尺校准其水平外，还可采用加水观察水面线的方法。器口距地面 18～25cm，补水口朝北。

（2）水位测井。水位测井安装在蒸发桶的北面，与人工观测测针缺口相对，与蒸发桶中心距约 1.45m，将水位测井利用固定脚的螺栓调至与顶部气泡水平，并从底部引出一截胶皮软管。

（3）控制箱。控制箱安装在蒸发桶的北面，与水位测井相对，太阳能板朝南，与蒸发桶中心距离约 1.95m，控制箱底部有水泥台，板厚 50cm，缺口朝西，水泥台底部有土坑。

（4）其他。检修井坑安置在蒸发桶北面，与人工观测测针缺口相对，检修坑边距蒸发桶中心为 0.87m，检修坑具体尺寸为 330mm×200mm×290mm（深）。溢流池在蒸发桶正东面，中心距约 1.3m，尺寸约 500mm×500mm×500mm。翻斗式雨量计在蒸发器的正东面，与溢流池相对，中心距约 2m。

（5）接线。

电线：液位传感器输出线为四芯线，电动球阀输出线为五芯线，专用雨量计输出线为两芯线，均接入控制箱。

水管：连通管埋深 200mm，从蒸发桶经检修井通过手动球阀，通入水位测井底部，根据实际长度需要减去多余胶皮软管，将软管与连通管相连。

（6）设备选型。

1）产品简介。PH-ZDF 型自动蒸发站是在人工蒸发的基础上实现了自动水位变化测量、自动溢流量计算、自动雨量计算、自动补水等功能，从而实现自动化测量日蒸发量。

2）工作原理。自动蒸发站以连通器为基本核心，以蒸发桶、雨量计、静水桶水位计为基本观测工具，以采集器自动采集、处理、显示蒸发、降水、溢流、补水过程信息、自动控制补水、排水过程。采集器通过 RS-485/232 通信接口与上位机系统连接，利用系统配套的应用软件可以实现水面蒸发过程信息的远程监测及资料整编入库。

投入运行的蒸发站蒸发桶水位高度应保持在水位标志线上。无降水日时，采集器自动采集蒸发桶内水面高度变化计算蒸发量。每当蒸发桶内水面高度降至约定值（水位标志线以下 15mm）时，采集器在观测日分界时刻（水文分界日为 8：00，气象分界日为 20：00）控制补水泵工作，给蒸发桶、水圈自动补水，使桶中水位恢复至水位标志线以上 30mm 高度，然后，以补水后稳定水面的高度作为起测点，测量下一时段的蒸发量。

在降水日，当蒸发桶水位升高至约定值（水位标志线以上 25mm）时，采集器驱动电磁阀打开，当静水桶中的水面下降到水位标志线以下 5mm 时，溢流泵停止工作，采集器记录此时的水面高度，此时记录器计算此次排水的高度差，从而根据测井的横截面积计算出此次的溢流量。

3. 翻斗式雨量计

（1）制作安装基础。室外地面安装时，应按照图 4.13 所示尺寸及要求制作水泥安装基础，水泥安装基础的尺寸为：40cm（长）×40cm（宽），露出地平面高度约为 22cm，安装后仪器的承雨口距地平面的高度为 70cm；在水泥台上打 3 个 ϕ12mm、深约 10cm 的安装孔，安装孔位于 ϕ240mm 的圆周上呈 120°均分。

（2）安装固定仪器、调整机芯水平。

1）拧下三个外筒固定螺钉并垂直向上提拉外筒使其与底座组件分离。

2）安装仪器底座：将膨胀螺栓分别置于安装孔内，并用垫圈及地脚螺母分别锁紧膨胀螺栓，然后将仪器底座支脚板安装在 3 个地脚膨胀螺栓的锁紧螺母上。

3）调整机芯水平、锁紧固定仪器底座：分别调整 3 个调高螺栓的高度直至水平泡的气泡居于中心位置，然后用上锁紧螺母分别锁紧仪器的三个支脚和调高螺栓。

（3）安装信号传输线。将信号传输线从设备箱引出，穿过防护管引至水泥台，再穿过底座过线孔与输出信号端子相连接，并锁紧电缆锁紧头。

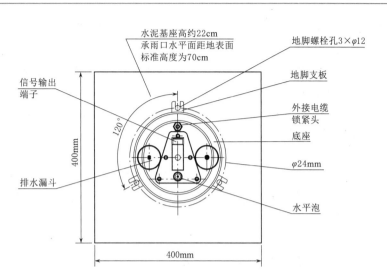

图 4.13 雨量计水泥安装基础

（4）检查仪器输出信号是否正常。将万用电表置于 1k"Ω"档，用表笔接触仪器支架后面的输出端子（或者用计数器连接输出端子），然后用手指轻轻拨动计数翻斗使之翻动，并观察两个干簧的输出"通、断"信号是否正常。

（5）设备选型。

1）产品简介。JDZ 型翻斗式雨量计广泛适用于国家基本雨量站、气象观测站进行降雨量的观测，可作为水情自动测报系统、防汛指挥系统、洪水预报系统等的终端传感设备。

2）工作原理。进入承雨器内的降雨，在其锥形底部汇集后，流入翻斗部件的漏斗，再注入翻斗。当翻斗居上的一侧斗室累积到一定水量时，由翻斗自重、翻斗内水的重量、支承力、转动摩擦阻力、磁阻力、流水冲击作用力等组成的力平衡关系被打破，使翻斗状态产生突变，翻斗翻转（翻斗动作正是利用突变机构工作原理）。固定在翻斗架上的干簧管受到磁激励（磁钢安装于翻斗上，与翻斗一起动作），便产生一次通断信号。

3）技术参数。承雨口径：φ（200±0.60）mm，刃口锐角 40°～45°；分辨力 0.2mm；雨强范围 0.01～4mm/min（允许通过最大雨强 8mm/min）；测量准确度≤±2%（符合国家标准Ⅰ级准确度要求）或≤±1%（准确度优于国家Ⅰ级标准），发讯方式：两路干簧管通、断信号输出；工作环境温度：−10～50℃；相对湿度：<95%（40℃）。

4.5.4 墒情监测系统

土壤墒情监测系统对农业灌溉区域的土壤进行相对含水量监测，能真实地反映被监测区的土壤水分变化，可及时、准确地提供各监测点的土壤墒情状况，为减灾抗旱提供了决策依据。

4.5.4.1 布置原则

（1）对重点农业灌溉区域，特别是连片种植区域进行土壤含水量监测，实时反映被监测区域的土壤水分变化，为智能化灌区水资源运行及调度模型提供墒情大数据。

（2）墒情监测站（点）应具有代表性，能够代表主要作物和所在区域的典型土壤，采集的指标能够反映当地实际情况。

（3）应根据当地的土壤类型、种植结构和地形地貌条件，综合确定墒情监测站（点）的布设。因此，原则上应选取区域内种植作物和土壤类别代表面积最大的代表性地块，土壤和地形条件变化大的地区，还应考虑地形地貌条件和信息传输的信号要求，尽量选取地形平坦的代表性地块。

（4）选择在 GSM/GPRS 等信号强、能够正常地准确发送数据短信信息的地块建站。

（5）墒情监测站的选择和建设，重点考虑放在雨养旱作农业区，避开水田灌区建站。

（6）站址应尽量远离树林、高大建筑物、道路（铁路）、河流、水库和大型渠道，避免信号遮挡及水源地的影响。

4.5.4.2　点位布置

在赋石水库灌区农业灌溉范围内青龙村水稻基地和良棚白茶基地建设 2 处墒情监测点。物联网设备需按照《湖州市物联网感知设备接入技术规范（试行）》建设，待县级物联网平台建设完成即接入。

4.5.4.3　系统组成

土壤墒情监测站主要由土壤盐分传感器、土壤温湿度传感器、遥测终端等组成，其中土壤盐分传感器、土壤温湿度传感器测量土壤墒情，土壤墒情数据通过数据遥测终端利用 GPRS 无线信号传输至云端服务器。其系统组成如图 4.14 所示。

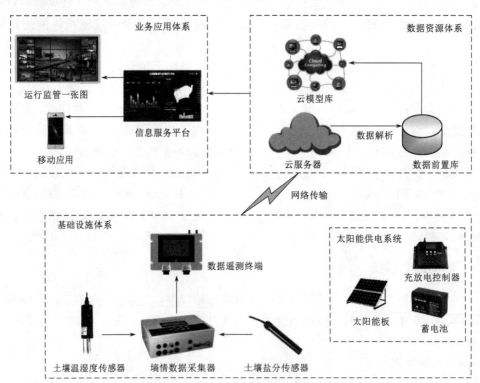

图 4.14　土壤墒情监测系统组成图

1. 土壤水分传感器

采用多路土壤水分传感器，并将传感器布置在不同的深度，实现监测点的剖面土壤墒情检测。土壤含水量一般是指土壤绝对含水量，即100g烘干土中含有若干克水分。土壤湿度传感器采用FDR频域反射原理，即利用电磁脉冲原理，根据电磁波在介质中传播频率来测量土壤的表观介电常数，从而得到土壤相对含水量。FDR具有简便安全、快速准确、定点连续、自动化、宽量程、少标定等优点，可实时监测土壤水分，各监测点可灵活进行单路测量或多路剖面测量。当土壤水分超过预先设定的限值时，立刻上报告警信息。

2. 网络通信

土壤墒情监测通信方式选择应用广泛的无线通信。墒情监测通信终端通过GPRS/CDMA无线通信网络使监测站与云平台相连接，进行数据传输。GPRS/CDMA网络具有覆盖范围广、数据传输速度快、通信质量高、永远在线和按流量计费等优点，支持TCP/IP协议，可直接与Internet网络互通。GPRS/CDMA数据传输业务应用范围广泛，在无线上网、环境监测、交通监控、移动办公等行业中具有较高的性价比优势。

4.5.4.4 安装调试

1. 数据遥测终端

安装步骤如下：

（1）根据安装要求确定遥测终端安装的位置。

（2）固定遥测终端。在选定的安装位置用膨胀螺丝将遥测终端固定在墙上或预制的水泥墩上。

（3）连接接地线。将遥测终端机箱接地螺栓与地网接地极用接地线连接，接地线用镀锌钢管进行保护，户外部分应将保护管埋于地面20cm以下处，室内部分应沿墙壁引到遥测终端。

（4）遥测终端接线。在确保给遥测终端断电的情况下按照遥测终端说明书进行接线。

2. 墒情监测站

（1）安装位置选择。

墒情监测的代表性地块应根据其地貌、土壤、气象和水文地质条件以及种植作物的代表性选定。按照《土壤墒情监测规范》（SL 364—2015）有关要求布设。

监测站（点）应布置在距代表性地块边缘、路边20m左右且平整的地块，应避开低洼易积水的地方，且同沟槽和供水渠道保持50m以上的距离，避免沟渠水侧渗对土壤含水量产生影响。

山丘区代表性地块，其面积应大于1亩，并应设在坡面比降较小而面积较大的地块中，不应设在沟底和坡度大的地块；平原区代表性地块，其面积应大于10亩，并设在平整且不易积水的地块。为保持墒情监测资料的一致性和连续性，监测位置应相对稳定，一经确定不得随意改变。

（2）安装工具。

工具包括灌浆取土钻（或铁锹）、泥浆搅拌容器、泥铲、活动扳手等。

（3）注意事项。

1）打孔应垂直向下。

2）孔深在安装深度的基础上再增加 5cm，以保证安装底部有足够的空间压缩空气。

3）钻孔到适合的深度。

4）严禁用重物敲打墒情仪。

5）确认墒情仪开关按钮打开，仪器能正常工作。

4.5.4.5　主要设备配置

1. 数据遥测终端（RTU）

数据遥测终端选用 YR-4000 终端机，安装步骤同前。

2. 墒情数据采集器

（1）产品简介。PH-CJ 型墒情数据采集器是一种集监测数据采集、存储、传输和管理于一体的无人值守的监测采集系统，在工农业生产、旅游、城市环境监测和其他专业领域都有广泛的用途。

（2）功能特点。墒情数据采集器具有监测数据采集、实时时钟、监测数据定时存储、参数设定、友好的人机界面和标准通信功能，可以根据用户的需求很方便地与计算机建立有线（RS-485、RS-232、USB 等）、无线通信（GPRS、WIFI、LAN、Zigbee 等）连接。

3. 土壤盐分传感器

PH-YF 型土壤盐分传感器的主要部件是石墨电极和进行温度补偿的精密铂电阻，原理是通过变送器转换成土壤盐分的模拟或数字信号。

4. 土壤温湿度传感器

PH-TS 型土壤温湿度传感器采用电磁脉冲原理测量土壤的表观介电常数，从而得到土壤真实水分含量，具有快速准确、稳定可靠、不受土壤中化肥和金属离子的影响等特点。

5. 土壤墒情软件

（1）软件概述。土壤墒情软件基于大数据计算技术，能够为用户提供终端数据查询和浏览功能，同时提供监测设备远程交互、数据处理、储存、统计、分析、报警、信息发布等服务。

（2）功能特点。土壤墒情软件以集中式分区化的方式提供便捷、经济、有效的远程监控整体解决方案。通过这种方式，可以对监控目标进行实时监控、管理、观看和接收报警信息。

1）软件兼容：可以在 Windows 2003、Windows XP、Windows 7 等系统下稳定运行。

2）可以设置数据采集设备与计算机系统时间同步，避免软件采集数据的时间与计算机系统时间不一致。

3）二次开发：支持 Access/SQL Server 2000/2005/2008 等数据库存储，方便用户其他软件在数据库中调用土壤墒情站数据。

4）实时报警功能：根据设置的参数的上、下限，实现软件提示报警、声音报警等报警功能。

5）可以设置相关管理权限。

6）支持数据查询、数据浏览、数据备份、恢复、数据清理等功能。

7）支持任意时间段的各类实时数据、历史数据的查询、导出、打印功能，导出类型支持 Excel 文件。

8）支持单要素数据统计功能：可按年、季、月、日、小时、10 分钟或任意时间段进行单要素最大值、最小值、平均值的统计。

9）支持全日墒情记录曲线功能、数据波形图、风玫瑰图等功能。

10）支持地图窗口、U 盘数据导入、串口调试等功能。

11）在实时数据窗口可以下载查看实时的墒情站数据，并且可以将数据保存在数据库中。

12）在历史数据窗口可以下载查看采集仪存储的历史数据，并且可以将数据保存在数据库中；如果需要定时自动下载数据，设定定时刷新周期并且选择定时刷新，则可以按照设定周期自动下载数据。

4.5.5 闸门计算机监控系统

赋石水库灌区共有水闸 39 处，其中重要水闸 26 处。根据目前的情况，每次闸门的操作都需要管理站值班人员进行，管理人员每天往返多次进行闸门操作，一来增加了汛期人员的风险，二来时效性差，不能根据需要及时进行闸门的启闭操作，配水调度的控制性较差，本次对重要水闸升级改造，建立闸门计算机监控系统。因前期信息工程在枫树塘节制闸上游已建有 1 台电动拦污栅，故本次自动化改造把该拦污栅接入闸门计算机监控系统。对渠道沿线分布的 51 个重要分水口进行一体化闸门建设，并接入闸门计算机监控系统。

4.5.5.1 设计原则

闸门计算机监控系统是灌区信息化建设技术的难点和关键，可靠性是建设的首要条件。闸门控制一般采取的建设原则是现地控制、远程监测，做闸控的闸门附近尽量布设视频监视点，以保证闸门控制的安全可靠。

闸门计算机监控系统高度可靠，其平均故障间隔时间（MTBF）、平均维修时间（MTTR）及各项可用性指标均达到《计算机监控系统基本技术条件》的规定。

在保证整个系统可靠性、实用性和实时性前提下，体现先进性，系统配置和设备选型符合计算机发展迅速的特点，充分利用计算机领域的先进技术，系统达到目前国内先进水平。

具体设计原则如下：

（1）按照系统自动化以计算机监控为主、常规控制为辅的指导思想进行总体设计和系统配置，使闸门计算机监控系统的应用达到一个新的水平。

（2）系统高度可靠、高度冗余，其本身的局部故障不会影响现场设备的正常运行。

（3）系统配置和设备选型应符合计算机发展迅速的特点，充分利用计算机领域的先进技术。

（4）全分布开放式系统，既便于功能和硬件的扩充，又能充分保护用户的投资。分布式数据库及软件模块化、结构化的设计，使系统更能适应功能的增加和规模的扩充。

（5）实时性好，抗干扰能力强。

（6）友好的人机接口功能，操作方便。

（7）具有有效阻挡各种网络病毒和黑客攻击侵入的防护预警措施，确保系统的安全可靠。

4.5.5.2 布点原则

（1）选择灌区干渠的枢纽工程建设闸门控制系统，实现对枢纽工程的自动化控制，提高调度水平。

（2）选择需要经常频繁操作的节制闸、退水闸建设闸门监控系统。

（3）选择汛期需要操作且人员风险较大的排洪闸建设闸门监控系统。

（4）选择配套设施基本完善，能够实施闸门自动控制的闸门监控系统。

（5）选择灌区分水口处建设闸门控制系统，实现对支渠配水的灵活精细化控制，提高调度水平。

4.5.5.3 现场勘查

赋石水库灌区前期信息化工程已实施闸门计算机监控节制闸的有 5 处，分别是：渠首、瓦屋冲、钱坑边、梅林和鸽子坞。闸门计算机监控系统自投入运行以来，已有多年（系统为 24h 不间断连续运行工作模式），部分硬件设备的使用寿命已到，系统运行的故障率有上升趋势；工控机运行出现反应速度慢、稳定性差等问题，使整个系统运行存在一定的安全隐患，且其中 4 处闸控站均为改建，除了核心 PLC 元件，其他设备均没有更换，设备运行期限已大大超出设备正常运行周期，闸控站点控制终端经常出现通信中断情况。

赋石水库灌区共有分水口 57 座，其中板塔（K13＋805）、陈塔（K14＋480）因支渠灌溉范围已改工业园区，此两处分水口暂不纳入建设。通过对灌区分水口闸门进行现场勘查，已有 51 处支渠分水口建有分水口闸门，动力以手摇为主，无法对闸门的高度和流量进行计量。

4.5.5.4 点位布置

渠首进水闸、瓦屋冲节制闸、钱坑边节制闸、梅林节制闸和鸽子坞节制闸已于 2013 年建设了自动化控制系统，距今已经 7 年，部分设备老旧，本次自动化建设需把老化设备提升改造。

根据灌区现代化的建设标准，闸门控制机制采用现场手动控制、现地集中控制及远程遥控功能。每处闸门设置 1 台闸门现场控制单元，现场控制单元通过光纤线路与监控中心的监控计算机联网，可以远程进行控制。系统组成如图 4.15 所示。

1. 主控层

主控层设于赋石水库灌区渠首牛黄坝节制闸的调度指挥中心，具有负责采

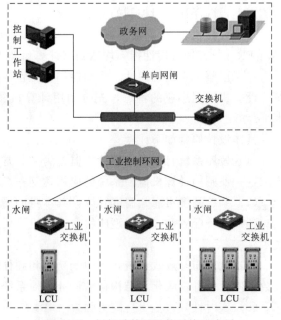

图 4.15 闸门计算机监控系统组成图

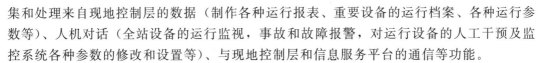

集和处理来自现地控制层的数据（制作各种运行报表、重要设备的运行档案、各种运行参数等）、人机对话（全站设备的运行监视，事故和故障报警，对运行设备的人工干预及监控系统各种参数的修改和设置等）、与现地控制层和信息服务平台的通信等功能。

主控层设备有操作员工作站、单向隔离网闸等。主控层操作员工作站设置在调度指挥中心运行人员操作台上，同调度指挥中心其他子系统协同工作，完成闸门计算机监控系统的调度任务。

2. 现地控制层

现地控制层的现地控制单元，应能对所管辖的生产过程进行完善的监控。它们经过输入、输出接口与监控过程相连；通过通信接口与继电保护设备交换信息，在上位机画面上实时反映所测的电气参数、闸门的运行状态及继电保护动作情况；通过通信接口与水位计连接，在上位机画面上实时反映水闸上下游水位信息；通过通信接口接到工业控制环网上，与主控层交换信息。现地控制单元与主控层有相对独立性，它们应能脱离主控层独立完成监控过程的实时数据采集及处理、单元设备状态监视、调整和控制等功能。

3. 网络通信层

闸门自动化控制系统通信网络采用自建工业控制环网，各个水闸、分水口一体化闸门均通过工业控制环网将调度指挥中心与现地相连接，实现数据传输和远程启闭。

4.5.5.5 机电金结设备及电气系统改造

1. 螺杆启闭机改造

目前灌区水闸大部分闸门采用电动人工控制，只有少部分采用手动人工现场控制（牛角冲节制闸、板塔退水闸、小官塘退水闸、大官塘退水闸、东山杆退水闸、石角退水闸、石角节制闸、铁板冲退水闸），不能满足现代化管理要求。本次建设 8 处螺杆启闭机对手动控制闸门进行电动控制改造。

2. 一体化闸门改造

灌区支渠分水口建有分水口闸门，动力以手摇为主，无法对闸门的高度和流量进行计量，本次将原手摇式分水口闸门提升为一体化自动闸门。一体化闸门不需要建设闸房，采用 U 形高强铝合金框安装闸门，基础施工时 U 形安装框嵌入混凝土中，安装时只需将闸门置入 U 形框内并用楔铁背紧即可，对闸门安装基础施工要求低。

3. 开度传感器和荷载传感器

为了配合远程控制续期，在启闭机上安装开度传感器实时采集闸位信号，编码器采用格雷码编码格式输出给 LCU 屏柜。通过现地的开度显示仪，可实时查看当前闸位数据。

为了确保闸门启闭机的安全，需加装限位开关和荷重传感器。限位开关采用接触式机械式传感器，可有效运行 5 年以上。荷重传感器采用座式，保护启闭机在过力矩时能及时切断控制回路。

4. 部分水闸电气改造

（1）渠首水闸。渠首水闸为拆建水闸，设有取水闸和冲砂闸各一孔，取水闸为双扉门，上扉门为直升式钢闸门启闭机 YDPD-2×100kN，功率为 1×7.5kW，下扉门为液压下卧式钢闸门启闭机 QBJ2×250kN，功率为 2×22kW，一用一备。冲砂闸为螺杆闸，功率为 5.5kW。本渠首水闸不设有检修用电动葫芦。根据负荷等级分类方法，该水闸为三级负荷。采用需要系数法，确定其计算负荷。

（2）其他水闸及管理房。部分水闸无电源接入，本次无电水闸由附近的 380V 低压线路供电引入，用电负荷等级为三级负荷，经统计水闸计算负荷为 4kW，单台最大起动负荷为 3kW。电源线经架空绝缘导线引入闸室计量配电箱后，穿管引至各相关设备。

5. 继电保护

（1）渠首水闸。根据《继电保护和安全自动装置技术规程》（GB 14285—2006）配置要求，并结合渠首实际接线特点，变压器 10kV 高压侧采用高压熔断器和复合开关的组合电器保护，400V 侧采用断路器本体自带的三段式电流保护、欠压保护、过压保护，其中干变本体上设有测温电阻，装有温度报警和启动风扇保护。

（2）其他水闸及管理房。水闸及管理房继电保护按照《继电保护和安全自动装置技术规程》（GB 14285—2006）的有关规定进行配置。400V 侧采用断路器本体自带的电流保护、欠压保护、过压保护。

6. 拦污栅远控改造

（1）除污机。枫树塘水库出口处需要配置回转式格栅除污机 2 台。回转式格栅除污机由驱动机构驱动主轴旋转，主轴两侧的链轮使牵引链条做回转运动，在环形链条上均匀分布齿耙，齿耙间距与格栅栅距交错并列。回转运动时移动齿耙插入固定栅条间隙中上行，将格栅截留下的悬浮物（栅渣）刮至平台上端的卸料处，并由卸污机构将栅渣卸至输送机或垃圾小车内。

除污机为成套装置，并需配备就地控制箱、动力与控制电缆等有效和安全运行所必需的附件，具体如下：机架、栅条、清污机构、提升链、电机减速驱动装置、导轨、防护罩、齿耙板、链板、导向装置、链条、过载保护装置、电缆及电缆支架、电气控制箱。

（2）格栅及栅条。格栅整体具有足够的强度和刚度，所有零件哪怕在恶劣环境中也不影响使用寿命。耙污线速度小于 3m/min。格栅能 24h 连续运行。组成栅面的栅条采用不锈钢扁钢制作，栅条迎水面无锐角，以避免在栅条上挂结垃圾。格栅栅条焊接在框架结构的横档上，构成一平整栅面。栅条用间距相等的平直栅条，格栅条断面形状为长方形。格栅支架的总体尺寸与水渠宽度相对应，并固定在混凝土水渠的侧边。格栅的安装保证使渠道内的污水可全部流经格栅，水渠两侧无死角，且格栅底部不会出现积聚垃圾现象。栅条及支架能承受大量漂浮物体的荷载，在格栅内外水位差达 1m 的条件下整套格栅装置不产生弯曲、损坏或变形。栅条迎水端无棱角以获得更好的流通效果。从格栅栅条顶部起至齿耙卸污处设有拦污挡板（即胸板），拦污挡板的设计保证齿耙在运行时万一下落的污物全部回到格栅上游。

（3）机架。机架两侧墙板采用不锈钢板制作，两墙板间隔一定距离设置槽钢横撑，在格栅中间槽钢上设置栅条和挡渣板。焊接后的格栅机架形成一个整体，在考虑最不利情况下，前后水位差很大时（≥1m）不造成机架结构变形。设备机架采用板式框架，内侧设置牵引链回转运行轨道，机架用钢板和槽钢等焊接而成，其断面尺寸能够满足最大工作载荷的要求。

机架的两侧与格栅井之间留有间隙，一般为 50mm，为了有效地防止污水中较大的悬浮固体通过，在机架两侧固定橡胶封板。机架的两侧均固定在混凝土渠道上，便于拆卸。

(4)栅耙板。栅耙采用不锈钢制成，耙齿能准确插入到栅条间隙中，能有效地捞污，并运送到集污装置中。齿耙板是一块可拆卸的梯形槽齿，便于移动和更换，其数量和栅条间隙相配。

(5)驱动装置。驱动装置包括电机、减速机、传动链条、链轮。采用异步感应电机和减速机，具有传动效率高、噪音低、运行平稳可靠等特点。电机防护等级为 IP55，绝缘等级为 F 级；通过传动链条机链轮满足牵引链回转速度为 3m/min 的要求。

驱动装置安装在机架上部，并设有防护罩（材质为不锈钢），采用不锈钢螺栓固定在机架上防止日晒雨淋。驱动减速机为 SEW 或诺德。

(6)挡渣板。由于链传动是在充满污水的环境下工作，为避免因垃圾侵入而影响链条和链轮的正常工作，在链条盒的开口处通过长轴设置与链条等节距的活动罩板，即挡渣板，罩板紧贴着链盒与链条同步运动，形成一个相对密封的链条盒，防止垃圾、砂砾、杂草等侵入，也是牵引链的有效防卡措施。

(7)导向装置。格栅的导向由 4 组导向轮组成，分别置于机架两侧的上部和下部，主要作用是改变格栅齿耙的运动方向。导向装置全部采用不锈钢制作。

(8)水底栅栏与单向刮板。水底栅栏与机架呈支连接，采用不锈钢制作。在设备底部设置有防护栅栏和单向刮板，防护栅栏可挡住底部的石块及泥沙等物，只允许水流通过；单向刮泥板可挡住污物从上面掉入牵引链中，刮板只能沿向上运动方向打开不能向反方向打开。

(9)防链条脱落措施。牵引链的脱落一般原因有：输送链水平移动，由于链条过长与链轮齿啮合不良等。除污机左右两侧输送链条的销轴设计为凸肩，销轴一端用卡簧固定。输送链条由于长时间在受拉条件下工作必定会产生变长现象，此时要通过调整张紧轮保证链条传动的正常啮合，在垂直方向上确保传动的正常。

(10)电气控制系统。控制箱控制 2 套格栅除污机的运行。控制箱为户外型，采用不锈钢钢板制作而成，防护等级 IP65，额定工作电压 80/220V，频率 50Hz，相数 3 相，主要元件采用德国施耐德公司产品。控制箱采用 1 个手动转换开关，电器控制分手动、自动控制两档设置。手动控制：由人工直接对格栅进行启、停。远程控制：箱内留有 PLC 接口，可发送现场控制指令，实现中央集中控制。

(11)主要材料。格栅的全部材料均适用于潮湿环境，具体见表 4.2。所有的紧固件全部为不锈钢，所有不锈钢件加工完毕后进行表面钝化处理。

表 4.2　　　　　　　　　　　　格　栅　制　作　材　料

机架	不锈钢 304	耙齿板	不锈钢 304
防护罩	不锈钢 304	导向装置	不锈钢 304
格栅框架	不锈钢 304	链条	不锈钢 304
栅条	不锈钢 304	紧固件	不锈钢 304
挡板	不锈钢 304		

(12)设备防腐。制造格栅除污设备的所有材料均适用于腐蚀性环境，所有和污水、污泥接触件都采用优质不锈钢制成，并进行表面酸洗钝化处理。在运输和安装过程中涂层

损坏部分，严格按照涂层工艺要求进行补漆，其质量不低于原涂层。

4.5.5.6　防雷与接地

1. 渠首水闸

在管理房屋顶设避雷带（网）作接闪器，并利用主、副厂房四周的柱内钢筋作避雷带（网）的接地引下线，同时以管理房为基础、闸室底板内的钢筋作自然接地体。引下线与接闪器、接地体应有可靠的电气连接。为防止雷电侵入波过电压对主变压器及高压设备的绝缘造成危害，在电缆进线处装设一组氧化锌避雷器。为防线路传递过电压及操作过电压，在低压配电柜内装设电涌保护器以限制过电压，并在建筑物及系统内部等电位连接及接地。为保证人身与设备安全，所有电力设备均应可靠接地，其中低压配电系统采用 TN-S 制接地。

各建筑物内电气设备与建筑物防雷接地共用一个接地装置。接地装置在充分利用枢纽工程各建筑物基础钢筋、水下部分金属构件（包括原有的接地网）等自然接地体的基础上，在水闸加固的上、下游闸底板、消力池、接驳段等敷设以水平接地网为主的人工接地网。接地电阻不大于 1Ω。

2. 其他水闸及管理房

为防线路传递过电压及操作过电压，在低压配电柜内装设电涌保护器以限制过电压，并在建筑物及系统内部等电位连接及接地。为保证人身与设备安全，所有电力设备均应可靠接地，其中低压配电系统采用 TN-C-S 制接地。

各建筑物内电气设备与建筑物防雷接地共用一个接地装置。接地装置在充分利用枢纽工程各建筑物基础钢筋、水下部分金属构件（包括原有的接地网）等自然接地体的基础上，在水闸加固的上、下游闸底板、消力池、接驳段等敷设以水平接地网为主的人工接地网。接地电阻不大于 1Ω。

10 座加固渡槽（瓦屋冲、前村、施湾里、大官塘、汤村坞、东山杆、石角、燕子山、土山岭和下北寺）采用架空接闪线的方式进行防直击雷。

4.5.5.7　系统功能

闸泵的自动控制主要分为现场控制和远程控制，现场控制是操作者在启闭房对设备进行操作，远程控制主要是操作员远离启闭设备通过远程手段对闸门启闭设备进行操作；现场控制优先级高于远程控制并能现场控制/远控切换。

1. 数据处理与采集

（1）模拟量的采集与处理。

1）对电量和非电量进行周期采集、越限报警等，对温度量的采集与处理、越复限判断及越限报警，最后经格式化处理后形成实时数据并存入实时数据库。

2）主要的模拟量是闸门开度、闸门荷载、水位等。

（2）开关量的采集与处理。

1）对事故信号，断路器分、合的动作信号等中断开关量信号，计算机监控系统应能以中断方式迅速响应这些信号并作出一系列必要的反应及自动操作。中断开关量信号输入为无源接点输入，中断方式接收。

2）对各类故障信号，启闭机电动机运行状态信号，手动、自动方式选择的位置信号等非中断开关量信号，最后经格式化处理后存入实时数据库。

（3）开关量输出。

特指各类操作指令。计算机在输出这些信号前应进行校验，经判断无误后方可送至执行机构，为保证信号的电气独立性及准确性，开关输出信号也应经光电隔离，接点防抖动处理后发出。

（4）信号量值及状态设定。

对闸站在建设初期所无法采集到的信号，或某些由于设备原因而造成的信号出错以及在必要时要进行人工设定值分析处理的信号量，计算机监控系统应允许运行值班人员和系统操作人员对其进行人工设定，并在处理时把它们与正常采集的信号等同对待，计算机监控系统可以区分它们并给出相应标志。

2．运行监视和事件报警

（1）运行实时监视。计算机监控系统可以使运行人员通过显示器对各主要设备的运行状态进行实时监视。所有要进行监视的内容包括当前各设备的运行及停运情况，并对各运行参数进行实时显示。

（2）参数越限报警记录。监控系统将对某些参数以及计算数据进行监视。对这些参数量值可预先设定其限制范围，启动相关量分析功能，作故障原因提示。对于一些重要参数要有趋势报警。

（3）事故顺序记录。当发生事故造成断路器跳闸时，监控系统应立即以中断方式响应并自动显示、记录和打印事故名称及时间；记录和打印相关设备的动作情况，自动推出相关画面，作事故原因分析及提示处理方法。计算机监控系统应能将发生的事故及设备的动作情况按其发生的先后顺序记录下来，且记录的分辨率不超过 5ms。

（4）故障状态显示记录。计算机监控系统定时扫查各故障状态信号，一旦发生状变将在显示器上即时显示出来，同时记录故障及其发生时间，并用语音报警。计算机监控系统对故障状态信号的查询周期不超过 2s。

（5）事故追忆及相关量记录。闸站发生事故时，需对事故发生前后的某些重要参数和相关量进行追忆记录，以供运行人员事后分析。

3．控制与调节

（1）远方方式。当计算机系统正常运行时，中控室值班人员通过主控站工控机人机接口对设备进行监控，完成自动开闸门、关闸门。

（2）现地控制。当计算机系统退出运行或通信中断时，值班人员到机旁通过触摸屏或按钮直接向 LCU 单元发出命令，完成开闸门、关闸门等操作。

（3）统计与制表。对采集的定时数据与检测的事件进行在线计算，打印输出各种运行日志和报表。

（4）人机接口。在曲线显示系统上显示实时图形，使运行人员对本闸站的运行情况进行安全监视，并通过主控站微机功能键盘或 PLC 面板，运行人员可以在线调整画面、显示数据和状态、修改参数、控制操作等。

（5）画面显示。画面显示是计算机监控系统的主要功能。画面调用将允许自动及召唤方式实现。自动方式指当有事故发生时或进行某些操作时有关画面的自动推出，召唤方式指操作某些功能键或以菜单方式调用所需画面。画面种类包括单线图、棒形图、曲线、各种语句、表格等。要求画面显示清晰稳定，画面结构合理，刷新速度快且操作简单。

（6）语音报警功能。当需要对重要操作进行提示，以及闸站发生事故或故障时，应能用准确、清晰的语言向有关人员发出报警，实时召唤值班人员。

（7）自诊断。监控系统具备在线自诊断功能，能诊断出系统中的故障，并能定位故障部位。

任何系统网络上的结点发生故障，都可在操作员工作站上给出提示信息，并记入自诊断表中。本功能包括主机自检、软件任务超时处理及过程故障检测。软件超时时应能实现部分功能软件的故障自启动功能，通过检测包括对 I/O 过程通道在线自动检测，检测的内容有通道数据有效性合理性判断、故障点自动查找及故障自动报警等功能。

4.5.5.8 安装调试

1. 螺杆启闭机

（1）安装技术要求：

1）启闭机平台的安装高程和水平偏差，应遵守《水利水电工程启闭机制造安装与验收规范》（SL 381—2007）第 6.2.2 条 4 款的规定。

2）机座的纵、横向中心线与闸门吊耳的起吊中心线距离偏差不应超过 ±1mm；机座与基础板的局部间隙应不超过 0.2mm，非接触面应不大于总接触面的 20%。

3）每台启闭机安装完毕，应对启闭机进行清理，修补损坏的保护油漆涂层表面，并灌注润滑油、润滑脂。

（2）试验：

1）电气设备试验，应遵守 SL 381—2007 第 6.3.2 条的规定。

2）无荷载试验：启闭机不带闸门的运行试验，应遵守 SL 381—2007 第 6 3.3 条的规定。

3）荷载试验应在设计水头工况下，连接闸门进行启闭试验，试验应遵守 SL 381—2007 第 6.3.4 条的规定。

4）各项试验结束后，全面检查设备应运行正常。

2. 一体化闸门

（1）安全要求。

1）电气接线布线人员必须具备相应资质证书，具有良好的电气理论知识和实际操作经验，严格按照《电气安全作业规程》作业，并做好防护措施，如穿戴绝缘手套、绝缘鞋、正确使用电气检测设备和工具。

2）无关人员不得随意触摸电气设施。

3）严格按照电气图纸要求接线，布线和接线工艺满足电气安全标准要求，同时也应保证美观。

4）接线完毕后及时清除多余的电气残料和垃圾，避免通电后短接电气线路，发生安全事故。

（2）安装。

1）控制柜安装牢固，箱体接地牢靠。

2）太阳能电池板安装牢固，角度调整至合适方位，输出电源线连接牢靠，无虚接。

3）防雷器安装牢固，电源线、信号线、接地线连接牢靠，无松动。

4）所有电气设备之间电气连接可靠，无搭接、虚接、漏插等，电气间隙和爬电距离符合标准要求。

5）设备参数设置整齐，标识清楚、易观察。

（3）调试。

1）实验前准备。接电试验前应检查全部线路，确认所有电气连接正确、可靠，尤其是检查主动力电源和控制电源接线是否正确，有无接反、漏接、虚接等情形，所有接线符合图纸要求。

2）安全测试。用500V绝缘摇表测量系统线路的绝缘电阻，应符合规定要求后方可进行通电调试。

3）系统功能试验。

a. 所有器件正常工作，功能正常。

b. 太阳能电池板输出电压平稳，蓄电池无发热现象。

c. 控制柜内所有设备之间通信正常，4G网络信号良好。

d. PLC能正常上传数据，触摸屏触摸灵敏、功能操作正常。

e. 软件平台能正常接入云端服务器，进行上传和下载数据，软件界面操作正常。

4）无荷载试验。

a. 电机不带闸门的空载运行试验，应在全行程内往返3次。

b. 电动机运行平稳，无异响、抖动，无异常发热现象。

c. 所有机械部件运转时，应无冲击声和其他异常声音。

5）荷载试验。

a. 电机带动闸门进行启闭试验，宜在设计水头工况下运行，应在动水工况下闭门3次。

b. 传动零件运行平稳，无异常声音、发热、抖动现象。

c. 行程开关动作应灵敏度可靠。

d. 闸门运行到行程的上下极限位置时，行程限位开关能发出信号，系统自动切断电源，使电机停止运转。

e. 试验中元件触头有烧灼者应予以更换。保证所有开关、继电器、接触器动作灵敏可靠。

3. 开度传感器

（1）开度传感器与螺杆启闭机的安装方法有：

1）直接连接法（弹性联轴器式样、偏心联轴器、十字联轴器等）。

2）齿轮连接法。

3）人字门安装法。

4）吊装连接法。

5）液压平门吊装安装法。

6）链条链轮连接法。

本项目都采用齿轮连接法实施安装。

（2）安装步骤。

1）传感器出轴通过齿轮（齿轮的齿顶距等于螺杆启闭机的螺距）直接与螺杆启闭机的螺纹连接。在螺杆启闭机的适当位置安装一块厚度不小于 4mm 的安装支板，安装支板应保证水平。

2）将编码器固定在安装支架上，齿轮装在编码器伸出的轴上。

3）将传感器支架固定在安装支板上，注意要先确定齿轮与螺杆启闭机啮合的位置后再固定安装支架。安装完成后螺杆的上升和下降便带动齿轮的转动，与之相连的编码器便会测出闸门实际上升或下降的位置。

4．LCU 屏柜

（1）施工前准备。

现场布置：合理布置现场，包括基础材料准备、盘柜组装和防护措施等。

技术准备：盘柜安装前组织有关技术人员熟悉设计图纸、标准规范、厂家安装说明书以及设备技术档案等有关资料。

人员组织：含技术负责人（含技术服务人员），安装、试验负责人，安全、质量负责人，安装、试验人员。

（2）设备安装。开关柜按设计图纸定位并固定完好后，对柜内的手推式开关进行移出或推入，检查对位与接触的紧密程度，检查其灵活性，均应符合产品的要求。绝缘挡板工作可靠。电气插接件对中良好。对柜内的仪器、仪表、柜面上的标牌、标识、接线端子均应符合要求。

4.5.5.9　主要设备配置

1．无功补偿柜

低压无功补偿系统补偿总容量为 60kvar。采用 1 组 30kvar 调谐智能电容器模组（配功率因数控制器）＋1 套 30kvar 静止无功发生器（配人机界面）组合的方式。以正尔科技产品为例：设调谐智能电容器模组 ZMvar30L07480，1 组；功率因数控制器 ZMPFC，1 只；30kvar 静止无功发生器 ZMvarS 30 - 0.4 - 4L - H，1 套；人机界面 ZMvarS HMI，1 只。

2．柴油发电机

（1）机组的启动和停机。机组采用直流 24V 高能铅酸蓄电池启动，启动电源和控制电源共用一组蓄电池组。机组具有快速启动功能。机组可以手动紧急停机和事故自动紧急停机。机组可在工程所在地的环境下，以额定功率连续运行。

（2）机组的自动控制功能。自动保护和报警：①发动机发生轻微故障（如冷却水温高、机油温度高、机油压力低、过负荷、三次启动失败、启动电池容量过低等），发出声、光报警，并允许手动停车；②发动机发生严重故障（如冷却水温过高、机油温度过高、机油压力过低、过负荷、超速、电压过低或过高等），使发动机处于预定的危险阶段时，可立即自动停车，并发出声、光报警信号；③发电机在过电流、供电母线短路、断相、电压过高、失压时可立即自动跳闸，并发出声、光报警信号；④所有的声光报警信号和解除开关必须接至控制箱上。机组能自动对启动蓄电池充电。机组具有自动计时功能。

3. 闸门 PLC

(1) 产品介绍。NA200H 系列 PLC 是南大傲拓科技公司最新推出的宽温型高性能小型一体化 PLC 产品。CPU201 - 1102 模块自带以太网接口，方便了用户的使用，可以实现远程调试和数据监视。同时 CPU201 - 1102 又是一款宽温型产品，低温可达 -40℃，高温 70℃，满足极其恶劣环境的使用。目前该产品已经在浙江、新疆、东北、山东沿海、福建、广州等地兄弟单位使用，而且大多数运用在室外裸露环境，已经体现出了极强的环境适应能力。

(2) 技术参数。PLC 采用微型嵌入式实时多任务操作系统，支持多任务分配，可合理使用 CPU 资源。

4. 触摸屏

产品特点如下：

(1) 基于 Linux 系统，系统稳定、高效、可靠。

(2) 工业级高性能的 Cortex A8 处理器，主频达到 600MHz。

(3) 产品内置的 COM 集成了 RS - 232/422/485 通信方式。

(4) 提供了 USB 主站口和 USB 从站口，USB 从站下载口支持 10Mbit/s 的传输速度，可快速下载；即插即用的 USB 主站口支持连接 U 盘、打印机、鼠标或其他 USB 设备。

(5) 10M/100M 自适应网卡，支持 HMI 和其他设备组成一个网络，快速进行数据交换，实现工业上的以太网通信。

(6) 高容量 FLASH，支持存储大容量数据，断电不丢失，支持 U 盘存储。

5. 一体化闸门

一体化闸门采用澳科水利一体化闸门，型号为 AUKE - LT，如图 4.16 所示。

6. 工业冗错服务器

(1) 产品简介。H&i Server 冗余容错服务器的设计是为了防止停机、数据丢失及业务中断。这种集成的易于操作的高可靠性服务器系统是替换传统集群和独立服务器的最优方案。

对比传统的服务器集群方案，H&i Server 系统摆脱了对高昂成本的 SAN 存储设备和国外集群软件的依赖，内置数据实时镜像保护的大容量存储系统即可实现业务系统的安全部署。集成虚拟化功能实现了配置的在线扩容，多操作系统并行运行及服务器资源的高效整合，节省了 IT 设施投入成本。

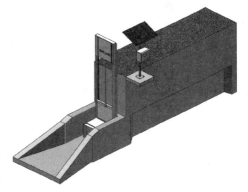

图 4.16 水利一体化闸门

H&i Server 2103 - 2C - H 是性价比极高的容错服务器产品，适合有限规模的 IT 环境部署，可以同时运行三个虚拟客户机系统（VM）。

(2) 功能特点。

1) 国产品牌，自主可控。

2）采用硬件容错同步技术，任意部件故障发生时，系统零秒中断，可靠性达到99.999％以上。

3）集成开源虚拟化软件，每套容错服务器可同时运行多个业务系统。支持系统级负载均衡技术。

4）支持系统应用快照备份技术，发生任何软件故障，均可无缝迁移至备份系统。

5）所有部件均支持在线不停机维护，坏件更换后系统自动恢复同步。

6）支持 Windows、RedHat 或麒麟 Linux 等国内外主流的操作系统。协议开放，支持与第三方网管软件集成。

7）配置中文界面的系统管理软件，能够实时监控全部软硬件系统，具有故障预警、快速诊断和在线更换功能。支持邮件＼短信等方式主动告警。

8）配置远程集中管理软件，能远程集中监控多套容错服务器软硬件系统。

4.5.6　视频监视系统

当实现了关键闸门、拦污栅的自动化控制后，人员操作都是在室内远距离进行闸门操作，不能实时查看启闭的情况，不了解闸门周边的环境，容易发生误操作等风险，因此为了确保闸门远程操作的可视性、安全性，实时监视闸门的开度情况，需要在闸门和重要的水利工程附近建设视频监视系统，以确保闸门操作的安全，同时也可辅助进行定期巡视及安全保卫。

4.5.6.1　布点原则

（1）选择灌区中主要水闸建设视频监控系统，实现对设备运行和安全保卫的监视，提高调度的工程安全性。

（2）选择重要水利工程进行视频监视，实现对工程建筑物的安全运行监视，提高调度的工程安全性。

4.5.6.2　现场勘查

赋石水库灌区目前已建有 1 套视频监控系统，共 14 处监控点，已建的视频监控系统采用的摄像机为早期的模拟摄像机，水平清晰度为 470TVL，有效像素：752H×582V。视频监控图像存在图像清晰度低、色彩失真、云台反应慢、平台卡顿等问题。

4.5.6.3　点位布置

依据赋石水库灌区各个渠道渠系的具体情况，在各个水闸上、下游安装一个摄像机，用于水闸上、下游情况和闸门情况观察，部分退水闸与节制闸相邻，则上游共用一个摄像机，该部分摄像机建设已在水闸自动化控制中完成。在重要渡槽和隧洞进口安装视频监视设备，观察周围情况。部分水闸在前期信息化建设中已安装视频监控，均为模拟球机，画质等要求已不能满足现在信息化监控需求，故在本次赋石水库灌区视频监控系统建设中把原先的模拟球机均更换。

因隧洞进口处无市电，所以视频监测只能使用太阳能供电，球机选用低功耗球机。

4.5.6.4　系统组成

视频监控系统配置包括视频采集、视频存储、视频显示、传输网络。系统架构配置如图 4.17 所示。

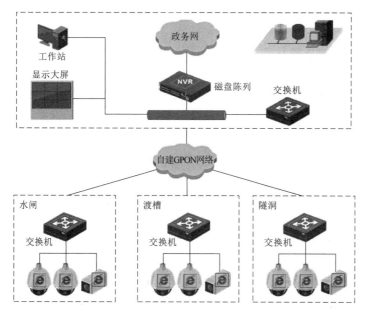

图 4.17　视频监控系统架构图

视频监控系统系统由前端、传输和中心三部分组成，其中前端监控由智能分析网络球机、低功耗球机和高清网络枪机组成，传输通过自建 GPON 网络组成局域网，调度指挥中心配备视频存储设备、图像智能分析设备以及视频综合管理软件。

4.5.6.5　系统功能

1. 实时预览

视频实时预览即为对监控实时画面的预览，包括基础视频预览，视频参数控制、视图模式的预览，平台与监控点所在的摄像机对讲通道的实时对讲、批量广播以及对具备云台能力的监控点的实时云台控制。

（1）基础视频预览。

1）支持 WEB 浏览器和 CS 客户端两种方式，通过视频控件的形式进行监控点实时画面预览。

2）支持双击区域节点查看该区域下的所有监控点，监控点的展示数量为当前窗口分割数；支持批量关闭预览窗口、窗口自适应和全屏播放等功能。

3）支持监控点预览画面进行抓图、打开/关闭声音、电子放大、主子码流切换、查看码流信息等操作。支持监控点预览工具栏定义配置，用户可根据需要在预览窗口对上述功能进行添加/隐藏。

（2）视图预览。视频预览支持以视图的形式保存监控点和播放窗口的对应关系及窗口布局格式，用户可用视图进行监控点分组管理及快速预览。

支持视图管理配置，包括视图组的管理，在视图组中进行视图的添加、删除、移动位置、修改视图的监控点、窗口布局等操作。

（3）对讲与广播。

1）支持对视频监控点进行实时对讲，支持配置对讲时是否自动录音。

2）支持监控点批量广播功能，可对增加、删除广播分组。广播路数规格限制在 100 路以内。

（4）云台及视频参数控制。

1）支持对具有云台功能的监控点进行云台控制。在监控预览状态下，通过开启云台或点击监控点预览工具栏的云台控制按钮进行云台的上下左右等 8 个方向控制。

2）支持监控点视频参数调整，包括亮度、色度、对比对、饱和度。

2. 录像回放

录像回放用于对历史视频录像的查询、播放、画面流控、片段下载等应用。

（1）基础录像回放。

1）支持 WEB 浏览器和 CS 客户端两种方式，通过视频控件的形式对监控点历史录像画面进行回放。

2）支持按录像类型进行查询，包括计划录像、报警录像、移动侦测三种类型。录像播放时，还可查看这三种类型之外的其他类型录像。支持按录像存储类型进行查询，包括设备存储和中心存储。

（2）录像下载与剪辑。支持录像下载，用户可自定义录像片段范围、下载地址。支持对录像下载任务进行查找、删除、暂停、继续操作。支持批量对下载任务进行开始下载和全部暂停操作。支持对根据下载任务状态进行过滤操作。

（3）图片查询。WEB 端支持对配置了抓图计划的监控点所抓历史图片的查询，并按照监控点排序和时间排序两种方式展示图片查询结果。支持对图片查询结果进行自动播放和下载操作。

4.5.6.6　安装与调试

1. 安装步骤

（1）监控杆安装。首先，根据设计图纸在室外安装监控杆的位置挖坑。然后，在坑内用钢筋混凝土浇筑监控杆底座并预留接线管。

注意：基础连接面上的固定螺栓将决定监控杆臂展方向，浇筑基础连接面时要考虑监控杆的臂展方向。待基础自然干燥后，进行回填。并使基础连接面与地面水平。此时将监控杆立于基础连接板上，用固定螺栓固定牢靠。

（2）设备安装。监控安装在监控杆的横臂上，用固定螺栓或抱箍固定，满足监视目标视场范围要求的条件下，其安装高度室外离地不宜低于 3.5m。

摄像机及其配套装置，如镜头、防护罩、支架等，安装应牢固，运转应灵活，注意防破坏，并与周边环境相协调。

在强电磁干扰环境下，摄像机安装应与地绝缘隔离。信号线和电源线应分别引入，外露部分用软管保护，并不影响云台的转动。

2. 设备的调试

（1）监控的调试。

1）闭合控制台、监视器电源开关，当设备指示灯亮时，闭合摄像机电源，监视器屏幕上便会显示图像。

2）调节光圈（电动）和聚焦，使图像清晰。

3）改变变焦镜头的焦距，并观察变焦过程中的图像清晰度。

4）遥控云台，若摄像机静止和旋转过程中图像清晰度变化不大，则认为摄像机工作正常。

（2）云台的调试。

1）遥控云台，使其上下、左右转动到位，若转动过程中无噪音（噪声应小于50dB）、无抖动现象、电机不发热，则视为正常。

2）云台在大幅度转动时，如遇以下情况应及时处理：①摄像机、云台的尾线被拉紧；②转动过程中有阻挡物，如：解码器、支梁等是否阻挡了摄像机转动；③重点监视部位有逆光摄像情况。

3. 系统整体调试

在前端设备安装、调试后，开始系统整机调试，检查图像的清晰程度、动态移动报警联动情况，编制系统测试文件，并开始试运行，做好自检自测记录。主要包括以下内容：

（1）打开密码锁实际操作。

（2）云台控制。

（3）监控界面切换。

（4）实时抓图、看图。

（5）视频实时录像。

（6）视频丢失报警。

（7）报警联动控制功能等。

4.5.6.7　主要设备配置

1. 智能分析网络摄像机

产品尺寸如图4.18所示。

2. 高清网络枪机

高清网络枪机采用深度学习算法，以海量图片及视频资源为路基，通过机器自身提取目标特征，形成深层可供学习的人脸图像，极大地提升了目标人脸的检出率。支持智能资源模式切换：即人脸抓拍模式，道路监控模式，Smart 事件模式。

3. 低功耗球机

（1）产品尺寸如图4.19所示。

（2）特色功能。

1）支持24小时监控录像。

2）设备运行最大功耗16W；休眠模式功耗低至2.6W；球机不开红外，不 PT 运动，预览功耗低至5W。

3）支持定时、时段触发两种休眠模式。

4）支持国网 B 接口协议。

5）支持定时抓拍图片。

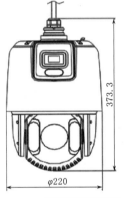
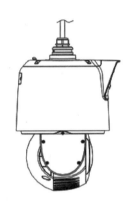
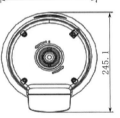

图4.18　智能分析网络摄像机产品尺寸图（单位：mm）

6）支持宽幅电压：10.8～18V。

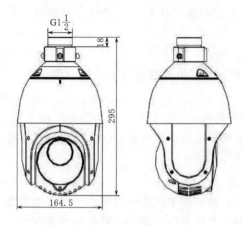

图 4.19 低功耗球机产品尺寸图
（单位：mm）

4．图像智能分析超脑

iDS－96000NX－I/AI－G 系列海康超脑 NVR 采用嵌入式设计，集成高性能 GPU 模块，集 IPC 接入、存储、管理、控制于一体，可加载深度学习算法，实现精准的自定义智能分析，提升监控视频价值，服务安防大数据时代。产品既可作为 NVR 进行本地独立工作，也可联网组成一个强大的视频监视系统。

5．磁盘阵列

（1）产品简介。DS－A80 系列是海康威视推出的经济高效型网络存储系统，模块化无线缆设计，易于维护；采用 64 位 Intel 嵌入式多核处理器，高速缓存，可支持最大 512 路 2M 码流的视频并发写入；兼容监控级硬盘和企业级硬盘，应用灵活，可提供大容量存储空间。

（2）技术参数。

1）网络中断后重新恢复，设备可续存断网期间存储在前端设备中的录像文件，并可通过 IE 浏览器设置自动回传和手动回传。

2）可对指定的录像段或指定事件的 1 个或多个前端的不同时间段的录像段添加标签，并自动备份到存档卷中，使之不会被覆盖删除。

3）可根据事件名称查询所有相关联的不同前端或时间的录像段并进行回放和下载。

6．风光互补供电系统

风光互补供电系统包括风力发电机、太阳能板、充放电控制器、蓄电池及地埋箱等，太阳能供电设备采用 150W 太阳能板和 200Ah 蓄电池，同时应采用额定输出功率 300W 的风力发电机为系统提供额外的电量。

4.5.7 安全防范系统

在灌区重要渠段和渠系建筑物布设入侵报警、预警广播等安全防范设备。对重要的汛情、灌溉放水进行语音发布预警；在视频监视系统的帮助下，对河道附近人员的不安全行为进行劝阻。

4.5.7.1 布点原则

（1）选择灌区中主要水闸建设安全防范系统，实现对设备安全保卫进行监视，提高工程安全性。

（2）选择灌区中主要渡槽建设安全防范系统，实现对工程建筑物的安全运行监视，提高调度的工程安全性。

4.5.7.2 布点方案

在灌区水闸、渡槽布置微波复合型入侵报警探头和预警广播，以开关量的方式接入水闸、水泵的控制器。当有入侵事件发生时，就地能产生高分贝报警声，以吓阻入侵人员，平时也可对重要的汛情、灌溉放水进行电子发布预警。在其他需布置入侵报警系统的地方，主要是以简单的行程开关代替入侵报警探头的方式采集入侵信号。

4.5.7.3 系统功能

安全防范系统可在现地和调度指挥中心布防和撤防。在设防或撤防状态下，当入侵探测器机壳被打开、控制器箱门被打开、探测器电源线被切断、网络传输或信息连续阻塞超过30s时，监控中心均会产生声光报警。当有多个信号源对同一个安全防范设备分区进行信息发布时，优先级高的信号能自动覆盖优先级低的信号。

安全防范系统支持编程管理，自动定时分区运行，具有分区强插功能，支持远程和具有权限的手机监控。

安全防范系统里具有报警、故障、被破坏、操作（包括开机、关机、设防、撤防、更改等）等信息的显示记录功能。记录的信息还包括事件发生时间、地点、性质等，记录的信息不能更改。

4.5.7.4 主要设备配置

1. 入侵报警系统

探测范围如图4.20所示。

2. IP音柱

（1）产品简介。XC-9603A06型号IP音柱适合室外公园、操场、高速收费广场等场台。

（2）产品特点。

1）一体化设计，整合网络音频解码数字功放及音柱。

2）内置大容量Flash和时钟芯片，可事先导入内容进行离线广播。

3）内置回路检测功能，可远程监听扬声器工作状态，轻松维护。

4）终端支持服务软件远程控制方式调节音量。

5）支持WEB网页配置网络参数、音频参数、任务优先级等，实现个性化的配置，支持在线升级。

3. 拾音器

TS-915E拾音器主要应用于平安城市、雪亮工程、金融、监狱、公安、景区等室内外专业拾音场景。

4. 语音对讲话筒

XC-9031NV型语音对讲话筒可适用于监控中心、应急指挥中心等IP对讲、音视频会议、广播喊话、应急指挥等业务需要。

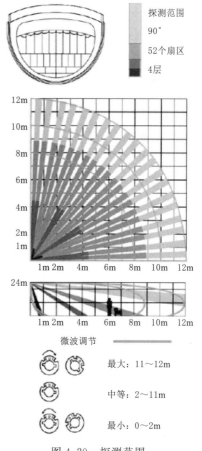

图4.20 探测范围

4.5.8 渡槽安全监测系统

根据《水利水电工程安全监测设计规范》(SL 725—2016)、《水工设计手册(第 2 版)》的有关规定及渡槽(水闸)现状,在赋石水库灌区的瓦屋冲、前村、大官塘、东山杆、石角、燕子山、土山岭和下北寺等 8 座渡槽主要设置沉降观测、应变观测及接缝观测。

4.5.8.1 渡槽安全鉴定情况

安吉县赋石渠道管所于 2017 年 11 月委托长江水利委员会长江科学院(水利部水工程安全与病害防治工程技术研究中心、国家大坝安全工程技术研究中心)对大官塘渡槽、东山杆渡槽、汤村坞渡槽三座渡槽进行了安全鉴定,于 2019 年 10 月委托浙江省水利河口研究院对石角渡槽、下北寺渡槽、燕子山渡槽三座渡槽进行了安全鉴定。

4.5.8.2 现场勘查

赋石灌区配套渠道从 1976 年开始设计并动工兴建,1981 年因国民经济调整而停建,1988 年复工续建,1993 年 11 月竣工,1994 年渠道通水灌区受益。渡槽修建至今已运行 26 年,一期灌区续建配套虽对部分渡槽进行了内壁防渗处理,但大部分渡槽仍然存在槽段间漏水、槽身外壁及排架混凝土碳化脱落、露筋等现象。

1. 瓦屋冲渡槽

(1) 沉降观测布置。根据瓦屋冲渡槽的现状,选择两个典型代表槽段,每个槽段排架基础上各布置 4 个沉降测点,共 8 个沉降测点,并在附近山体处设置 3 个水准基点。沉降观测采用静力水准仪进行自动观测,所有静力水准仪均接入自动化采集系统实现自动化监测,采集装置通过光缆传输方式将数据传输至电脑端。

(2) 应变观测。根据瓦屋冲渡槽的现状,选择两个典型代表槽段,每个槽段槽身底部 1/4 跨及跨中设置 3 个应变片,共计 6 个应变片,以监测槽身应变情况。所有应变片均接入自动化采集系统实现自动化监测,采集装置通过光缆传输方式将数据传输至电脑端。

(3) 接缝位移观测。根据瓦屋冲渡槽现状,选择 1～2 个典型代表槽段,在槽段两端的槽身接缝位置设置双向测缝计,共计 2 组双向测缝计,以监测跨与跨之间的拉伸以及错动变形。所有测缝计均接入自动化采集系统实现自动化监测,采集装置通过光缆传输方式将数据传输至电脑端。

2. 前村渡槽

(1) 沉降观测布置。根据前村渡槽的现状,选择 4 个典型代表槽段,每个槽段排架基础上各布置 4 个沉降测点,共 16 个沉降测点,并在附近山体处设置 3 个水准基点。沉降观测采用静力水准仪进行自动观测,所有静力水准仪均接入自动化采集系统实现自动化监测,采集装置通过光缆传输方式将数据传输至电脑端。

(2) 应变观测。根据前村渡槽的现状,选择 4～5 个典型代表槽段,在槽身底部跨端、1/4 跨及跨中各设置 5 个应变片,共计 20 个应变片,以监测槽身应变情况。所有应变片均接入自动化采集系统实现自动化监测,采集装置通过光缆传输方式将数据传输至电脑端。

(3) 接缝位移观测。根据前村渡槽现状,选择 4～5 个典型代表槽段,在槽段两端的槽身接缝位置设置双向测缝计，共计 5 组双向测缝计，以监测跨与跨之间的拉伸以及错动变形。所有测缝计均接入自动化采集系统实现自动化监测，采集装置通过光缆传输方式将数据传输至电脑端。

3. 大官塘渡槽

（1）沉降观测布置。根据大官塘渡槽的现状，选择两个典型代表槽段，每个槽段排架基础上各布置 4 个沉降测点，共 8 个沉降测点，并在附近山体处设置 3 个水准基点。沉降观测采用静力水准仪进行自动观测，所有静力水准仪均接入自动化采集系统实现自动化监测，采集装置通过光缆传输方式将数据传输至电脑端。

（2）应变观测。根据大官塘渡槽的现状，选择两个典型代表槽段，每个槽段槽身底部 1/4 跨及跨中设置 3 个应变片，共计 6 个应变片，以监测槽身应变情况。所有应变片均接入自动化采集系统实现自动化监测，采集装置通过光缆传输方式将数据传输至电脑端。

（3）接缝位移观测。根据大官塘渡槽现状，选择 1～2 个典型代表槽段，在槽段两端的槽身接缝位置设置双向测缝计，共计 2 组双向测缝计，以监测跨与跨之间的拉伸以及错动变形。所有测缝计均接入自动化采集系统实现自动化监测，采集装置通过光缆传输方式将数据传输至电脑端。

4. 汤村坞渡槽

（1）沉降观测布置。根据汤村坞渡槽的现状，选择两个典型代表槽段，每个槽段排架基础上各布置 4 个沉降测点，共 8 个沉降测点，并在附近山体处设置 3 个水准基点。沉降观测采用静力水准仪进行自动观测，所有静力水准仪均接入自动化采集系统实现自动化监测，采集装置通过光缆传输方式将数据传输至电脑端。

（2）应变观测。根据汤村坞渡槽的现状，选择两个典型代表槽段，每个槽段槽身底部 1/4 跨及跨中设置 3 个应变片，共计 6 个应变片，以监测槽身应变情况。所有应变片均接入自动化采集系统实现自动化监测，采集装置通过光缆传输方式将数据传输至电脑端。

（3）接缝位移观测。根据汤村坞渡槽现状，选择 1～2 个典型代表槽段，在槽段两端的槽身接缝位置设置双向测缝计，共计 2 组双向测缝计，以监测跨与跨之间的拉伸以及错动变形。所有测缝计均接入自动化采集系统实现自动化监测，采集装置通过光缆传输方式将数据传输至电脑端。

5. 东山杆渡槽

（1）沉降观测布置。根据东山杆渡槽的现状，选择两个典型代表槽段，每个槽段排架基础上各布置 4 个沉降测点，共 8 个沉降测点，并在附近山体处设置 3 个水准基点。沉降观测采用静力水准仪进行自动观测，所有静力水准仪均接入自动化采集系统实现自动化监测，采集装置通过光缆传输方式将数据传输至电脑端。

（2）应变观测。根据东山杆渡槽的现状，选择两个典型代表槽段，每个槽段槽身底部 1/4 跨及跨中设置 3 个应变片，共计 6 个应变片，以监测槽身应变情况。所有应变片均接入自动化采集系统实现自动化监测，采集装置通过光缆传输方式将数据传输至电脑端。

（3）接缝位移观测。根据东山杆渡槽现状，选择 1～2 个典型代表槽段，在槽段两端的槽身接缝位置设置双向测缝计，共计 2 组双向测缝计，以监测跨与跨之间的拉伸以及错动变形。所有测缝计均接入自动化采集系统实现自动化监测，采集装置通过光缆传输方式将数据传输至电脑端。

6. 燕子山渡槽

(1) 沉降观测布置。根据燕子山渡槽的现状，选择 4 个典型代表槽段，每个槽段排架基础上各布置 4 个沉降测点，共 16 个沉降测点，并在附近山体处设置 3 个水准基点。沉降观测采用静力水准仪进行自动观测，所有静力水准仪均接入自动化采集系统实现自动化监测，采集装置通过光缆传输方式将数据传输电脑端。

(2) 应变观测。根据燕子山渡槽的现状，选择 4～5 个典型代表槽段，在槽身底部跨端、1/4 跨及跨中各设置 5 个应变片，共计 20 个应变片，以监测槽身应变情况。所有应变片均接入自动化采集系统实现自动化监测，采集装置通过光缆传输方式将数据传输至电脑端。

(3) 接缝位移观测。根据燕子山渡槽现状，选择 4～5 个典型代表槽段，在槽段两端的槽身接缝位置设置双向测缝计，共计 5 组双向测缝计，以监测跨与跨之间的拉伸以及错动变形。所有测缝计均接入自动化采集系统实现自动化监测，采集装置通过光缆传输方式将数据传输至电脑端。

7. 土山岭渡槽

(1) 沉降观测布置。根据土山岭渡槽的现状，选择 4 个典型代表槽段，每个槽段排架基础上各布置 4 个沉降测点，共 16 个沉降测点，并在附近山体处设置 3 个水准基点。沉降观测采用静力水准仪进行自动观测，所有静力水准仪均接入自动化采集系统实现自动化监测，采集装置通过光缆传输方式将数据传输至电脑端。

(2) 应变观测。根据土山岭渡槽的现状，选择 4～5 个典型代表槽段，在槽身底部跨端、1/4 跨及跨中各设置 5 个应变片，共计 20 个应变片，以监测槽身应变情况。所有应变片均接入自动化采集系统实现自动化监测，采集装置通过光缆传输方式将数据传输至电脑端。

(3) 接缝位移观测。根据土山岭渡槽现状，选择 4～5 个典型代表槽段，在槽段两端的槽身接缝位置设置双向测缝计，共计 5 组双向测缝计，以监测跨与跨之间的拉伸以及错动变形。所有测缝计均接入自动化采集系统实现自动化监测，采集装置通过光缆传输方式将数据传输至电脑端。

8. 下北寺渡槽

(1) 沉降观测布置。根据下北寺渡槽的现状，选择 5 个典型代表槽段，每个槽段排架基础上各布置 4 个沉降测点，共 20 个沉降测点，并在附近山体处设置 6 个水准基点。沉降观测采用静力水准仪进行自动观测，所有静力水准仪均接入自动化采集系统实现自动化监测，采集装置通过光缆传输方式将数据传输至电脑端。

(2) 应变观测。根据下北寺渡槽的现状，选择 6 个典型代表槽段，在槽身底部跨端、1/4 跨及跨中各设置 4～5 个应变片，共计 32 个应变片，以监测槽身应变情况。所有应变片均接入自动化采集系统实现自动化监测，采集装置通过光缆传输方式将数据传输至电脑端。

(3) 接缝位移观测。根据下北寺渡槽现状，选择 6～8 个典型代表槽段，在槽段两端的槽身接缝位置设置双向测缝计，共计 8 组双向测缝计，以监测跨与跨之间的拉伸以及错动变形。所有测缝计均接入自动化采集系统实现自动化监测，采集装置通过光缆传输方式将数据传输至电脑端。

4.5.8.3 渡槽三维激光扫描辅助观测

根据赋石水库灌区渡槽现状，选择16跨典型代表槽段，进行一次渡槽的三维激光扫测工作，计量出每跨渡槽的尺寸规格、排架柱体在水流方向上的垂直度偏移量、槽身水平位移、槽身边缘距四大部分。

4.5.8.4 监测项目汇总及监测频次

根据上述布置情况，本工程监测项目汇总及监测频次表见表4.3和表4.4。

表4.3   渡槽安全监测项目汇总表

序号	项目名称	渡槽长度/m	沉降测点/个	水准基点/个	表面应变计/个	双向测缝计/组
1	瓦屋冲渡槽	160	8	3	6	2
2	前村渡槽	473	16	3	20	5
3	大官塘渡槽	130	8	3	6	2
4	东山杆渡槽	204	8	3	6	2
5	汤村坞渡槽	220	8	3	6	2
6	燕子山渡槽	550	16	3	20	5
7	土山岭渡槽	490	16	3	20	5
8	下北寺渡槽	1000	20	6	32	8
	合　计	3227	100	27	116	31

表4.4   安 全 监 测 频 次 表

监测项目	监 测 频 次			备　注
	施工期	试运行或运行初期	正常运行期	
垂直位移	1~3次/月	1次/月	1次/年	高水位及出现险情情况下加密观测
应变	1~2次/旬	1~3次/旬	1~2次/旬	
接缝位移	1~2次/旬	1~3次/旬	1~2次/旬	
渗流压力	1~2次/旬	1~3次/旬	1~2次/旬	

注　1. 表中测次，均系正常情况下人工测读的最低要求。如遇特殊情况（水位骤变、特大暴雨、强地震等）和工程出现不安全征兆时应增加测次。每次灌溉期前后必须进行监测。
　　2. 渡槽三维激光扫描辅助观测次数为1次。

4.5.8.5 渡槽监测管理房

赋石水库灌区已在渡槽设置沉降观测、应变观测、接缝观测、水位流量监测和渡槽出入口视频监视。为便于自动化监测设备的安装，以及有利于今后的管理及设备的维护和检修的便利性，在附近无节制闸管理房的渡槽（前村渡槽、东山杆渡槽、石角渡槽和土山岭渡槽）边配备渡槽监测管理房一个。

渡槽监测管理房采用 $8m^2$、净空 2.5m 的景观式箱变壳体，景观式箱变壳体采用高强度、耐腐蚀性比较好的镀锌板发泡为板材，整体结构架构强度比较大，且散热性能比较好，适用于室内外安装。

4.5.8.6 主要设备配置

1. 静力水准仪

BGK3475TS 型静力水准仪采用高精度微压传感器来测量被监测点沉降的变化。系统包含多支精密沉降传感器并由一根 $\varphi 10mm$ 的通液管与 $\varphi 6mm$ 的通气管连接在一起，通液管的一端与储液箱相连，通气管通过干燥管与储液箱连接形成内压自平衡系统，可有效消除大气压力对系统产生的影响，如图 4.21 所示。传感器内置温度传感器，可用来监测测点处的环境温度。

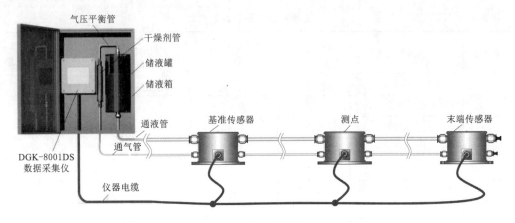

图 4.21　静力水准仪

2. 串口服务器

串口服务器采用 NP301 型，功能和安装步骤同前。

4.5.9　通信网络系统

建设通信网络以实现水位、雨情、流量、墒情、工程安全、视频监视和闸门计算机监控系统数据的传输。

4.5.9.1　建设原则

根据闸门计算机监控系统闸门监控点、视频监控系统视频监视点和水位监测系统水位监测点等基础设施点位的分布位置，依据闸门控制对网络可靠性高的要求和视频监视传输高带宽的要求，以及权衡工程造价、施工难度等因素，通信网络系统按以下原则设计：

（1）水闸控制及周边水位和视频、渡槽视频和水位、隧洞进口视频和水位、分水口流量等数据均采用自建光纤传输到三个分控中心，三个分控中心数据再统一汇总至渠首调度指挥中心，渠首调度指挥中心通过政务专用链路将数据传输至政务云服务器。

（2）雨量蒸发、墒情监测点因选址选择关系，可能离渠道较远，故不通过光纤传输，直接采用 4G 无线信号传输方式将数据传输至政务云服务器。

4.5.9.2　建设方案

鉴于灌区需采集的信息点密集，分布范围广的特点，结合网络的技术性能以及今后管理维护考虑，在赋石水库灌区信息化建设中，由于视频监视的实时数据量较大且重要闸站计算机监控对网络实时性、可靠性要求较高，无线网络传输方式无法满足系统要求，必须采用光缆通信的方式。蒸发、墒情监测使用成熟的 4G 方式无线传输。调度指挥中心与分控中心采用政务专网的方式进行网络通信。

因视频监视系统的实时数据其数据量较大，数据传输时对带宽要求较高，且闸门计算机监控系统对网络实时性、可靠性要求较高，若视频监视系统与闸门计算机监控系统同时传输可能会导致数据丢失、网络卡顿等情况出现。

综上考虑，本项目水位、流量等数据接入闸门计算机监控系统采用工业控制环网传输，视频监视系统采用千兆无源 GPON 网络传输。

1. 工业控制环网

闸门计算机监控系统采用工业控制环网传输，工业控制环网接入对象为干渠重要水闸现地控制柜和支渠分水口一体化闸门，另外水位、流量等数据可接入闸门计算机监控系统再通过工业环网传输，其拓扑结构如图 4.22 所示。

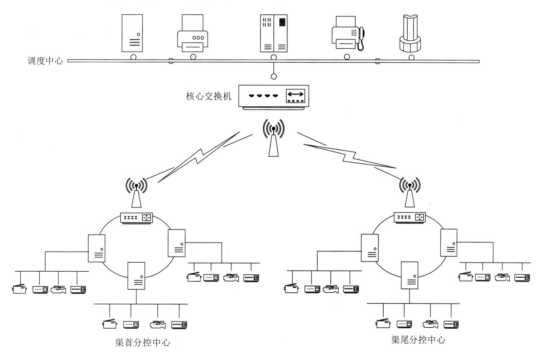

图 4.22 工业控制环网拓扑图

2. 千兆无源视频 GPON 网络

视频监视系统采用千兆无源 GPON 网络传输，GPON 网络建设采用 FTTH 的建设模式，根据数据接入点的分布情况，采用 1：8 的分光比及 GPON 终端以匹配业务需求。

核心交换机布置在调度指挥中心核心机房，上接 USG 防火墙，下接 OLT 设备，分光器采用 1：8 分光器，以距离划分区域，将分光器下行光纤布放至各个点位。

OLT 作为 PON 网络设备放置在核心机房，上行接核心交换机，下行接灌区渠线各分光器，光节点 ONU 下移至每个视频监视点设备箱内下接各视频摄像机。

4.5.9.3 光缆敷设

赋石水库灌区渠道总长约 43.2km，本次工业控制环网和千兆无源视频 GPON 网络采用自建光缆方式敷设。自建光缆沿渠边巡查及抢险道路敷设，因工业控制环网涉及数据接入点与 GPON 网络涉及数据接入点位置大多一致，则工业控制环网光缆与 GPON 网络光缆可采用同沟敷设。

工业控制环网采用 12 芯单模重铠光缆、GPON 网络采用 24 芯单模重铠光缆，光缆采用 PE 管保护，沿渠边巡查及抢险道路穿管暗敷。当道路为普通泥土时，采用土石方开挖的方式靠近渠道侧敷设，不过车辆时埋深为 0.5m，过车辆时埋深为 0.7m 以下；当道路边为岩石时，采用混凝土三面包封的方式保护；当需过隧洞时，采用洞顶就近悬挂的方式，所需挂件均采用 304 不锈钢；当需过渡槽时，采用镀锌钢管保护的方式，沿渡槽边敷设。开挖路段每 500m 布置手拉井，每 150m 布置手孔井，每 100m 布置光缆警示桩。光缆敷设的安装附件均采用热镀锌或 304 不锈钢材质的产品。

4.5.9.4　主要设备配置

1. 核心交换机

S6730S-S 系列交换机是华为公司自主开发的新一代万兆盒式交换机，提供全线速万兆接入接口和 40GE 上行接口。同时支持丰富的业务特性、完善的安全控制策略、丰富的 QoS 等特性以满足园区和数据中心网络的可扩展性、可靠性、可管理性及安全性等诸多挑战。

2. 汇聚交换机

IES5028G-4GS-P（100～240VAC/DC/48VDC）是一款高性能、高性价比工业级网管型以太网交换机。该产品支持 24 个 10/100/1000Base-TX 以太网电口、4 个 1000Base-FX 光口（SFP 插槽）。该产品所有电口均支持自动流速控制，全/半双工模式和 MDI/MDI-X 自适应。该产品提供高级管理功能，例如虚拟局域网、链路聚合、服务质量、生成树、速率控制、端口环回、端口镜像、端口隔离、环网冗余、故障报警和固件在线升级，并且提供了可视化的 WEB 操作界面。

3. 光线路终端

EA5800-X2 是基于分布式架构的 ORH（Optical Ring Head，光环网头端）设备，汇聚井下各种业务数据流，并上传到数据中心。同时可以管理井下 ORE（Optical Ring End，光环网终端）设备，网络侧通过千兆、万兆等以太网接口与核心交换机通信，用户侧提供工业光接口接入井下网络。

4. 光网络单元

MA5621E 是华为工业光网解决方案的盒式 ONU，网络侧提供 GPON 或 EPON 双上行接口，用户侧提供 8 个 GE 以太网接口，通过高性能的转发能力，为电力、制造、交通等工业生产场景提供理想的网络解决方案。

4.5.10　调度指挥中心

调度指挥中心为赋石水库灌区信息化系统的主要工作场所，主要布置 1 套大屏显示系统，用于显示各路监控、监测图像画面、综合运行管理系统及各类数据报表；布置会商系统 1 套，包括视频会议系统、数字发言系统、音频扩声系统、智能主控系统；设置集成操作工作台 1 套，并配备图形工作站、监控工作站及管理工作站；大屏建设需按照安吉城市大脑数字驾驶舱建设规范开展建设，通过集成的显示系统及中控系统，集中展现各项监控、监测数据信息及图像信息，全面展示赋石水库灌区运行工况。

4.5.10.1 调度指挥中心现状

根据赋石水库灌区现状勘查，灌区渠首引水工程位于孝丰镇牛黄坝，本次赋石水库灌区将对渠首用房进行配套改造，布置渠首用房 $800m^2$，设置值班室、会商室、渠首闸门运行管理室、水文化展厅、亲水平台、信息化控制中心等，与改造后牛黄坝形成休闲、旅游风光带。

4.5.10.2 大屏显示系统

调度指挥中心大屏显示系统主要为小间距 LED 大屏。

目前，LED 高清面板电视属国际最领先的 LED 高清晰数码显示技术，融合了高密度 LED 集成技术、多屏幕拼接技术、多屏图像处理技术、网络技术等，整套系统具有高稳定性、高亮度、高分辨率、高清晰度、高智能化控制、操作方法先进的大屏幕显示系统，可与监控系统、指挥调度系统、网络通信系统等子系统集成，形成一套功能完善、技术先进的信息显示及管理控制平台。整套系统的硬件、软件设计上已充分考虑到系统的安全性、可靠性、可维护性和可扩展性，存储和处理能力满足远期扩展的要求。

1. 布置方案

大屏显示系统采用小间距 LED 显示大屏，布置于牛黄坝管理用房中控楼二楼近机房侧，屏幕显示尺寸约 $19m^2$。

2. 系统组成

大屏显示系统由 LED 显示单元、图像拼接控制器和大屏控制管理软件及其支架、线缆等相关外围设备组成如图 4.23 所示。

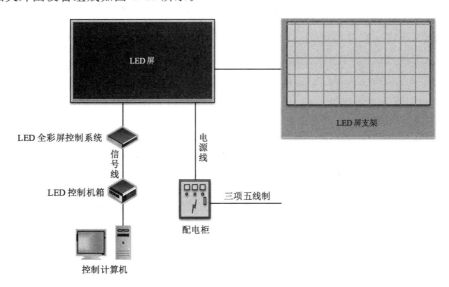

图 4.23　大屏显示系统组成示意图

（1）LED 显示单元。根据赋石水库灌区牛黄坝管理用房中控楼二楼（调度指挥中心）场地实际大小，可布设的大屏显示系统总显示面积约为 $19m^2$（宽度为 6.72m，高度为

2.88m），采用目前性价比较高的小间距 P1.25 LED 拼接大屏幕显示系统。

（2）图像拼接控制器。图像拼接控制器是系统的核心控制设备，能够解析多种视频源信号，并提供功能强大的图像和视频信号处理功能。控制器可以直接接收视频信号或计算机信号，进行信号解码、转换、处理、运算、编码、数字化传输，向显示屏屏体输出显示信号。

特色功能：将一个完整的图像信号划分成 N 块后分配给 N 个视频显示单元；支持由多路模拟和数字混合输入，支持同步拼接技术，支持多块 LED 显示屏矩阵切换，2K 超高清底图 + 任意跨屏漫游三画面显示。适用于电视演播中心、大型舞台剧院、高端会议和展示展览、各种监控、指挥控制中心等应用环境。

（3）大屏控制管理软件。图像工作站可以通过大屏控制管理软件向 LED 显示单元输出计算机信号。LED 显示单元显示工作站信号时，LED 显示单元上的像素与图像工作站显示器相应区域上的像素一一对应，直接映射。运行大屏控制管理软件，图像工作站通过控制端口可以对 LED 显示单元的各项参数调节和操作。

4.5.10.3　会商系统

会商系统共包括五部分：视频会议系统、会议发言系统、会议扩声系统、集中控制系统和大屏显示系统。赋石水库灌区会商中心与控制中心合并建设，中间以玻璃门隔断，大屏显示系统共用 1 套，同时在会商室安装 1 套投影设备。会商系统主要功能是为远程视频会商、本地会议、会议显示等业务提供直接支持，同时为值班、日常办公、调度决策、信息发布等应用系统业务提供通用底层的支持。

1. 视频会议系统

（1）系统概述。视频会议作为目前最先进的通信技术，只需借助互联网，即可实现高效高清的远程会议、办公，在持续提升用户沟通效率、缩减企业差旅费用成本、提高管理成效等方面具有得天独厚的优势，已部分取代商务出行，成为远程办公最新模式。

（2）系统组成。视频会议系统主要由高清会议终端、高清晰摄像机、高清晰拾音麦克风、视频显示设备、红外遥控器组成，均采用能够无缝兼容县、市视频会议系统的产品。

2. 会议发言系统

（1）系统概述。选择一套高性能、高品质同时又具备领先性技术和高性价比的会议发言系统对整个系统尤为重要。考虑到会议室的整体美观度和与会者使用的便捷性。发言单元具备防手机电磁信号干扰功能，超新型指向让与会人员讲话更清晰易懂，声音还原性更完美。配置话筒控制器可有效延长声音采集距离，营造更加轻松的发言环境，并且能保护音箱，防止因高频啸叫引起故障。

（2）系统组成。数字会议系统采用手拉手连接话筒，配置主席单元和代表单元，用于代表发言，主席机具有掌控会议需要的全部功能。系统具有单元自动检测、创新发言模式设置、发言限时功能设置、系统海量视频预置等功能。

3. 会议扩声系统

（1）系统概述。会议室主要进行语言人声信号的传输兼顾音乐和其他影音资料音频信号的重播，在设计时重点考虑扬声器的分布、声压覆盖的均匀，以及系统相互信号的交流，做到各种音频信号重播清晰。

（2）系统组成。会议扩声系统主要由调音台、音频处理器、功放、音柱等设备组成，整个系统选用同类产品中音色优美的高档次音柱器材为主组成会议扩声系统，选用同类产品中技术成熟、性能先进、使用可靠的产品型号，通过计算会场的音响场地系数进行设计，保证会场每个角落的声场均匀，不出现失真、混音、回响、啸叫等不良音响效果。

1）调音台。调音台是整个系统的控制核心，音质、性能、可靠性的好坏对整个系统有着举足轻重的地位，直接影响到整个系统的效果和质量，而操作的灵活性则可直接影响到会议效果，因此在扩声系统中调音台的选型是关键。

2）音频处理器。数字音频处理器内置有效果器、均衡器，具备压限等多种效果处理功能，能把功能集中化，解决了传统扩声系统中的分散处理，设备造价过高和过多设备引起噪音、阻抗不匹配等问题，数字音频处理器配置有软件，能很方便地进行话筒信号、音源信号效果处理，可以根据现场环境设置效果，达到最佳使用效果，整个操作可以采用软件设置，简单明了。数字音频处理器主要是处理音频的音色，对音频的低频、中低频、中频、中高频、高频、超高频进行分段处理，到达低音低沉有力，高音洪亮不刺耳的效果。

3）功率放大器。功率放大器是放大调音台或周边音频处理设备送来的低电平音频信号，把信号的输出功率放大至足以驱动配接的扬声器负载，是驱动扬声器系统的能量之本，也是决定扩声系统是否可靠有效运行的重要部分。产品具备足够高的驱动功率和阻尼系数，另外还拥有短路保护、过载/削峰/失真压限/峰值电流限制等多种保护措施，是会议室扩声系统稳定运行的有力保障。

4）音柱。音柱既要保证有足够的功率余量，也保证在大声压的情况下极低的失真。会议扩声系统设计通过科学计算会场声场面积，配合相关专业软件进行测试，整个扩声系统采用主次搭配，从前区到后场，从顶部到底部，每个区域都要求能要优质的音响效果，另外结合会议的使用需要，设计音箱时采用高中低音搭配。

4. 集中控制系统

（1）系统概述。集成控制系统是会商系统的核心。它可以独立操作，实现自动会议控制，也可以由工作人员通过电脑控制，实现更复杂的管理。中控集成控制系统通过触摸式无线控制器完成会议室几乎所有设备的控制，系统由中央控制主机、开关量模块、无线触摸控制屏等设备组成。

（2）系统组成。集中控制系统，它融合了声音、灯光、电器等所有展示区域环境电气设备的控制，包括：音视频采集系统、网络视频会议系统、投影或大屏、接入门禁系统、监控系统、安防报警系统等。

投影系统主要应对会商系统的需要，按布局设计以及用途配置1台80寸激光投影仪，通过控制系统可对投影系统统一管理。

激光投影安装一般有坐式安装和挂式安装2种模式，本次采用挂式安装，即屏幕挂壁安装，主机安装于吊顶上的模式。

4.5.10.4 分控中心

在赋石水库灌区渠首、中段、末端共设置3处分控中心，分控中心主要负责管理该段负责区域内的所有数据和图像,并把数据图像汇总上传至调度指挥中心。

根据前期现场勘查,赋石渠道管理所工程管理科下设赤坞、皈山及三官 3 个渠道沿线管理站,根据 3 个渠道沿线管理站所在渠段位置以及管辖片区划分,可将分控中心分别布置在赤坞、皈山及三官 3 个渠道沿线管理站。

4.5.10.5 无人机巡查系统

在汛期/紧急事故期间,巡查人员可操控无人机,到达人不能轻易到达的现场,对渠道、工程建筑物等进行拍摄、录像。无人机巡查系统用于辅助巡查人员日常对干渠、支渠段巡检既加快了巡查人员工作效率,又可以第一时间掌握现场动态,帮助领导熟悉现场动态,做出应急决策。

4.6 数据仓建设方案

数据资源体系建设是灌区智慧化的保障,是打破信息孤岛,避免重复建设,实现智慧灌区持续、可扩展的关键。数据仓建设在数字化基本数据完善的基础上,以统一数据库建设标准与落实管理维护职责为抓手,以实现数据翔实、功能齐全、表征形象、管理高效为主要目标,构建统筹、规范、共享、实用的数据平台,结合实际工作建立数据标准体系,为实现"数字水利"建设打下基础。

4.6.1 共享数据接入

按照《浙江省水管理平台总体方案》数据共享模型设计,数据共享模型包括行业内共享和行业外共享,行业外共享通过电子政务外网联通区政府公共数据共享交换平台实现同级部门横向数据交换,行业内共享通过水利数据纵向归集模块实现与省级、市级、县级数据共享交换,同时将安吉县气象台关于灌区气象预报信息、水雨情预报信息、水资源国控二期、节水灌溉数据等共享数据接入灌区水利数据前置库。数据共享模型如图 4.24 所示。

在具体实施过程中,通过核心业务梳理,明确平台模块、业务单元、核心事项,按照数据共享、流程优化要求开展数据需求分析,明确数据指标、数据来源,形成数据责任清单。在数据需求确认基础上,实施数据共享开发,集成数据指标接口,迭代开展核心事项数据验证、业务单元功能验证、平台模块集成验证,实现跨行业、跨层级数据共享。数据共享开发模型如图 4.25 所示。

4.6.2 数据整编

4.6.2.1 数据库搭建

数据库建设需要实现"整合资源、统一服务""统一数据、一数一源""统一标准、资源共享""统一监管、保障安全",保障数据安全、确保数据收集、实现数据共享等目标。数据库设计需遵循标准规范体系和安全保障体系进行建设。在遵循行业标准和相关设计规范的基础上,结合赋石水库灌区信息化管理系统的实际需要进行建设,制定一套符合赋石水库灌区信息化系统管理需求的标准,包括数据整合规范、库表结构等,方便数据的统一管理。

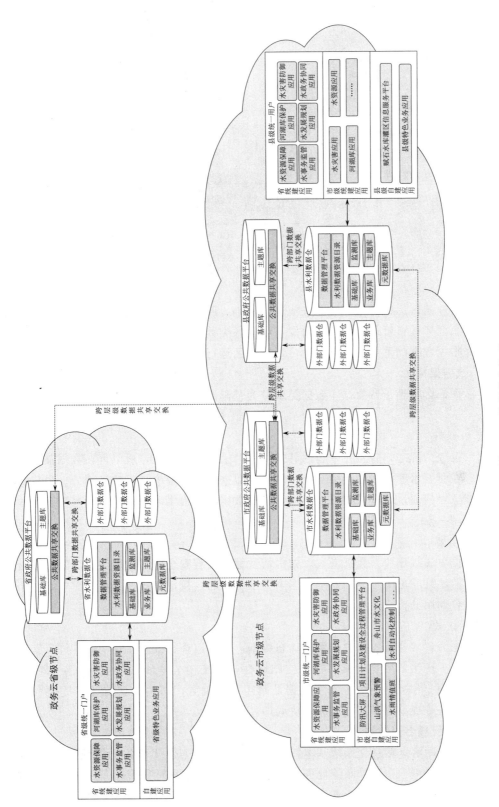

图 4.24 数据共享模型

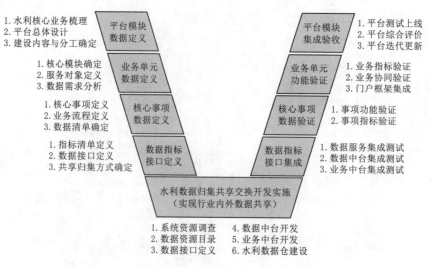

图 4.25 数据共享开发模型

以赋石水库灌区运行管理核心业务梳理为基础，明确管理平台模块建设，梳理核心管理事项，并从灌区运行管理实际需求出发，明确各类数据指标、数据来源、数据定义、数据要求，并根据数据的重要性进行排序，形成灌区运行管理子数据库。

4.6.2.2 数据架构

赋石水库灌区管理平台数据库数据类型分为基础数据、实时数据（监测数据库）和业务数据三类。

1. 基础数据

基础数据较为静态，并且在平台的其他子平台中调用率较高，所以可在数据前置库中进行管理。在赋石水库灌区运行平台统建的基础数据管理模块中进行数源划分、数据更新维护与审核，审核通过后进入数据前置库，通过数据超市提供服务接口，给本平台及其他业务应用调用。

2. 实时数据

实时数据更新频率快、数据量大，如水情数据、工程安全监测数据等，实时数据可通过对接实时监测站或单个工程的监测数据采集系统，通过接口方式上报至专库中，供工程运行管理平台调用分析。

3. 业务数据

业务数据为日常业务工作中产生的动态数据，包括巡查、维养和安全鉴定等日常运行管理业务工作中产生的数据，具有很强的归属性，直接在本平台中产生，并存储在专库中；需要共享的业务数据，由专库将数据汇聚至数据前置库，由数据前置库提供数据服务，供水利工程管理单位和其他业务模块调用。

4.6.2.3 运行管理专用数据库

归集赋石水库灌区信息化系统基本特性及相关基础信息、工程运行管理、实时监测、监督考核、协同管理、在线诊断等业务工作形成赋石水库灌区运行管理专用数据库，数据库主要包括基础库、监测库、业务库、主题库、元数据库等。

（1）基础信息库（基础库）。基础信息库是由工程基本信息等以人工填报为主的静态数据和机构人员、设备设施、社会经济、自然环境等以人工填报、互联网获取为主的动态数据库构成。基础数据库主要提供查询展示、统计汇总等功能。

（2）监测数据库（监测库）。监测数据库是水雨情、安全监测、闸门监控、视频监控等以自动采集为主的动态数据库，为赋石水库灌区专业研判分析、调度运用、应急抢险等提供基础数据。

（3）运行管理数据库（业务库）。运行管理数据库是工程巡查、定期检查、工程监测、维修养护、调度运行、设备操作和应急管理等工作过程中形成以自动采集和人工填报为主的动态数据库。

4.6.3 数据专题分析

数据专题分析包括灌区调度专题分析、工程管理运行专题分析、系统运维专题分析等。

4.6.3.1 灌区调度专题分析

水位超警戒：当水位超出系统设置的安全值，达到警戒值后，系统将关联预警预报中心，通过预警预报中心，发出水位超警戒值预警。

设备故障预警：对自动化设备和监控设备异常情况进行分析，为上层应用提供异常数据消息服务。

动态需水量分析：对灌区不同区域需水量进行分析，实现灌区动态需水量的趋势分析，并对动态需水量进行预警。

补给水量分析：对灌区渠首补给水量进行分析，实现灌区取水补给水量的趋势分析，并对补给水量进行预警。

4.6.3.2 工程管理运行专题分析

规定动作如期完成分析：设置物业化管理中维修养护时间、巡查时间与考勤时间，对于超出规定时间内未完成维修养护、未进行巡查、未考勤的人员给指定负责人进行预警预报，为上层应用提供异常数据消息服务。

物业化管理资料完整性分析：分析物业化管理上传的档案资料，对于有欠缺的文件数据应推送给指定负责人进行预警预报，为上层应用提供异常数据消息服务。

4.6.3.3 系统运维专题分析

登录率分析：分析人员的登录率，实现对登录较少的用户进行预警预报，为上层应用提供异常数据消息服务。

在线时间分析：分析人员在线时间，实现对在线时间较短的用户进行预警预报，为上层应用提供异常数据消息服务。

设备故障运维推送：分析设备故障情况，对设备故障信息自动推送给指定负责人，为上层应用提供异常数据消息服务。

最常使用模块分析：分析系统中使用模块的点击率，为上层应用提供异常数据消息服务。

档案资料分析：对整体的档案资料进行分析，若有档案资料不完整的情况，为上层应用提供异常数据消息服务。

4.7　模型支撑建设方案

4.7.1　水资源运行调度模型

安吉赋石水库灌区水资源运行调度模型由实时灌溉预报模型、渠系多目标动态配水模型和基于强化学习的智能灌溉决策模型组成。

4.7.1.1　实时灌溉预报模型

根据安吉赋石水库灌区现状用水户的调研情况，灌区的工业和生活用水主要来自管网供水，基本不从渠道引水；除农村生态用水外，农业灌溉是灌区主要用水户。因此，灌溉用水的精准预报与智能用水决策调度，是赋石水库灌区创建"智慧灌区"的关键所在，对灌区水资源的优化配置与高效利用起着重要影响。

1. 设计思路

实时灌溉预报模型主要用于预报未来一个时段内灌区的农业灌溉需水量，为灌区实时掌握区域用水需求、开展灌溉决策和配水调度提供科学依据，也为灌区用水的精细化管理奠定基础。该模型集成了作物需水量预报模型、降雨量预报模型和灌水量预报模型。

作物需水量预报模型采用"$K_s - K_c - ET_0$"法，其中，参考作物腾发量预报模型采用逐日均值修正法或 Hargreaves – Samani 公式法，该方法的实用性已被国内外多个灌区（如漳河灌区、赣抚平原灌区等）验证。降雨量预报模型采用天气类型转换法，即获取我国气象部门发布的天气预报信息，采用定量转换方法将其中的天气类型转化为降雨量。灌水量预报模型包含水田作物田间水层动态模拟模型和旱作物土壤水分动态模拟模型，两个模型均基于水量平衡原理，确定各水量平衡项（如作物需水量、降雨量、地下水补给量、渗漏量等）的定量计算方法，最终计算得到灌水量和排水量。水田作物主要为水稻，参照群众丰产灌水经验和田间试验资料，拟定作物各生育期水层控制标准，结合水量平衡计算公式，确定最终的灌水量和排水量。旱作物有茶叶、棉花、玉米、苗木、花卉、水果等，因其耗水量小，任一时段内土壤计划湿润层内的储水量必须保持在一定的适宜范围内，即通常要求不小于作物允许的最小储水量和不大于作物允许的最大储水量，根据灌区种植经验和相关规范确定这两个参数，当土壤含水量降低到拟定的阈值，即需灌溉。模型运行原理如图 4.26 所示。

2. 预期目标

（1）构建赋石水库灌区实时灌溉预报模型，实现灌区作物旱情预警及需水预报数字化。

（2）逐步改变传统灌溉模式，以模型预报的需水量数据为灌区水资源优化调度提供支撑。

3. 实施方案

（1）灌区基础情况调研及相关资料收集分析。

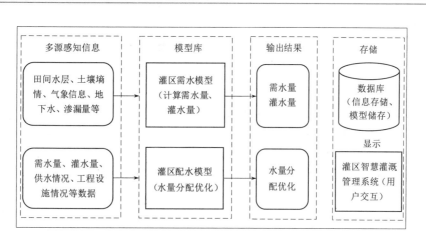

图 4.26　模型运行原理图

1）灌区可用水源分析及作物种植结构调研。通过资料收集和现场调研，了解灌区可用水源及灌溉范围、作物种植结构，以便对灌区进行合理的分区及选取典型田块。

2）灌区长系列历史气象资料收集分析。从当地气象部门或者中国气象数据网收集安吉县 1985—2019 年逐日气象数据资料，包含最低气温、最高气温、平均气温、平均风速、日照时数、平均相对湿度，为灌区作物需水量预报模型构建提供数据基础。

3）灌区其他相关资料。包括灌区各级渠道、田间灌溉水利用系数资料、灌区渠系分布资料、灌区近三年放水资料等。为灌区实时灌溉预报模型构建及预报精度验证提供数据基础。

（2）灌区作物需水量预报模型构建及验证。

1）P－M模型程序开发和调试。联合国粮农组织（FAO）推荐的 Penman－Monteith 方法被视为计算参考作物腾发量唯一的标准化方法。由于 Penman－Monteith 方法能够较容易获得或者通过常规观测便可得到标准的气象数据，且所有的计算程序都能够通过可得到的气象资料和时间尺度的计算得以标准化，故被视为唯一的标准化方法。通过相关程序编写，创建P－M模型计算赋石水库灌区历史参考作物腾发量（ET_0）。

2）灌区 30 年 ET_0 计算。采用P－M模型对赋石水库灌区进行 ET_0 计算，并对赋石水库灌区 ET_0 变化情况进行分析总结，研究赋石水库灌区 ET_0 变化规律。

3）预报模型程序开发及调试。模型开发分为模型构建、模型率定、模型验证。基于 Hargreaves－Samani 法构建灌区参考作物需水量 ET_0 预报模型，使用 30 年历史气象资料对模型参数进行率定，采用近 5 年的历史气象资料进行验证模型，评价模型预报精度及误差产生的原因。

4）灌区作物系数 K_c 计算分析。作物系数 K_c 与作物种类、作物生长阶段有关，通常由代表性试验站历年长系列作物需水量数据除以P－M模型计算的参考作物腾发量得到。确定作物系数、点绘出作物系数曲线，需确定 3 个值：生长初期（K_{cini}）、生长中期（K_{cmid}）、生长后末期（K_{cend}）。

5）灌区土壤水分系数 K_S 计算分析。根据作物灌溉特性，根据典型试验站实验数据分析获得。

6）ET_{ci} 预报模型程序开发及调试。采用"$K_C - K_s - ET_0$"法进行作物需水量（ET_C）预报，预报结果与代表性试验站历史实测作物需水量进行对比分析，评价模型预报精度。

（3）灌区实时灌溉预报模型构建及验证。

1）气象预报数据抓取。我国天气预报数据可以从中国天气网获得，通过正常表达式抓取对应地区的天气预报数据存储到数据库中。

2）田间水位监测、分析及校正。灌区内合理布置田间水分实时监测设备，将监测数据通过相应的通信技术实时上传服务器端，按照统一的数据格式存储于数据库中，并提供统一的数据调用接口；提供田间水位实时数据查询、分析及校正服务。

3）土壤墒情分析及校正。灌区内合理布置土壤墒情实时监测设备，数据实时上传，按照统一的数据格式存储于数据库中；提供土壤墒情实时数据查询、分析及校正服务。

4）水田作物田间水层动态模拟模型开发及调试。开展田间水量平衡模拟计算，结合灌区以往灌溉调度经验，确定田间灌水日期及净灌溉水量。

5）旱作物土壤水分动态模拟模型开发及调试。采用水量平衡法，通过收集多源感知信息——土壤墒情，根据作物灌溉制度确定灌水日期和净灌溉水量。

6）实时灌溉预报模型集成及率定。灌溉预报模型包含 ET_0 预报模型、ET_C 预报模型、降雨量预报模型、灌水量预报模型等，每个模型均是一个集成的类，通过合理细分、代码提炼，集成数据调用格式统一的模型，形成智能模型库。以气象资料和历史监测数据模拟模型输入，将模型输出结果与灌区实测结果进行对比分析，优化模型参数，直至符合模型预期精度。

4.7.1.2　渠系多目标动态配水模型

大中型灌区涉及多级渠道，系统构建整个灌区渠系动态优化配水模型时，将总干、干渠及支渠作为研究对象，赋石水库灌区由 1 条总干渠、多条支渠组成。通过灌区实时灌溉预报模型，可获得未来一段时期（周或旬）不同区域需要灌溉的日期和水量。之后，需要结合灌区的实时工情、水情等信息，开展智慧决策调度，合理进行渠系配水，保证水源供水通过各级渠系"适时、适量"进入所需的灌溉区域，满足作物精准灌溉的需求。

1. 设计思路

渠系动态配水系统属于大系统，其特点有：

（1）模型变量多，支渠配水流量及开始时间均为变量，支渠数量多，模型维数高。

（2）模型包含多个子系统，即每条干渠均为相互独立且相互关联的子系统。

（3）模型性能评价采用多个目标，需要用多目标准则进行决策和优化。以上特点符合大系统的一般特点，因此渠系动态优化配水系统为大系统。将渠系动态优化配水模型分解为两层模型，上层为总干渠协调层；下层为干-支渠子系统，子系统相互独立。系统概化图如图 4.27 所示。

实现全灌区闸门远程控制还需要大量的水利工程建设和相应管理手段和理念的更新，在灌区范围内，人工及机械操作仍然是主要渠道闸门的操作方式，其次，闸门操作次数多时，可能会产生流量衔接不稳定等问题，影响渠道运行安全，为减少闸门管理成本以及保

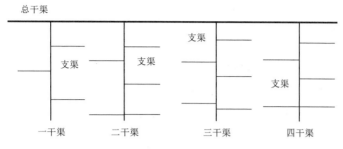

图 4.27 渠系概化图

证渠道运行安全，模型目标应考虑将闸门操作次数最少。此外，为减少灌区输水损失，模型目标应考虑渠系渗漏损失最小，属于多目标优化模型。

通过构建大中型灌区渠系动态优化配水的多目标大系统分解协调模型，以干渠各时段流量作为协调变量，进行干-支渠子系统层和总系统协调层模型协调。干-支渠子系统以干渠闸门操作次数最少、渠系损失水量最少为目标，通过加权法将多目标函数变换成单目标函数，通过遗传算法求解模型，得到子系统最优解及干渠各时段流量；总系统协调层以总干渠闸门操作次数最少为目标函数，采用配水策略进行干渠流量及时间调整。

2. **实施方案**

（1）灌区可用水源调查分析。收集灌区近 30 年降雨资料，统计分析灌区降雨规律及 50%、75%、90%水平年降雨量。通过现场调研、资料收集等手段，统计灌区范围内可用水源，涵盖列入浙江省名录的山塘、水库、堰坝、泵站等。统计灌区范围内主要干渠、支渠及灌溉面积范围等。

（2）数学模型构建。包括目标函数建立和约束条件的建立，得到渠系各干渠额运行方案，并与经验法确定的渠道运行方案进行比较，评价模型运行结果。

1）渠系输水损失最小：

$$\min W_{损} = W_{总损} + W_{干损} + W_{支损}$$

式中 $W_{损}$——灌区各级渠系输水总损失水量；

$W_{总损}$——赋石水库灌区总干渠输水损失；

$W_{干损}$——赋石水库灌区参与输水的干渠损失水量；

$W_{支损}$——赋石水库灌区参与配水的支渠损失水量。

渠道输水损失与渠道正常运行流量、输配水时间、渠道水利用系数、渠道长度及衬砌情况、渠床特性等有关，可采用理论计算公式结合实测数据修正。

2）渠道输水过程的流量变化最小：

$$\min SC_V = C_{总V} + C_{干V}$$

式中 SC_V——总干渠和干渠的输水过程流量变异系数；

$C_{总V}$——总干渠的流量变异系数；

$C_{干V}$——各条干渠的流量变异系数。

3）约束条件。按照灌区渠道运行的要求，该模型的约束条件包括：

a. 支渠配水流量约束，实际配水流量为设计流量的 0.6～1.0 倍。

b. 最大轮期约束，渠系总配水时间小于根据灌溉预报计算确定的允许最大总配水时间。

c. 上下级渠道输水水量平衡约束。

d. 上下级渠道输水连续性约束。

4.7.1.3　基于强化学习的智能灌溉决策模型

基于多源感知的实时灌溉预报模型，核心还是利用天气预报信息来辅助制定灌溉决策。但由于天气预报是对未来降水、温度和风速等气象条件的预测，存在不确定性，因此仅仅依赖天气预报确定灌溉决策，存在相应的风险。针对降水的不确定性，完全依赖气象预报确定是否灌溉农作物的方案存在的缺陷，以避免灌后遇雨水和不灌等雨造成受旱减产为目标，引入人工智能技术，通过机器强化学习获得经验并吸取教训，开发基于强化学习的智能灌溉决策模型。

1. 设计思路

强化学习（reinforcement learning）是一种重要的机器学习方法，在智能控制机器人及分析预测等领域有许多应用。强化学习是智能体（Agent）以"试错"的方式进行学习，通过与环境进行交互获得的奖赏指导行为，目标是使智能体获得最大的奖赏。强化学习把学习看作试探评价过程，Agent 选择一个动作用于环境，环境接受该动作后状态发生变化，同时产生一个强化信号（奖或惩）反馈给 Agent，Agent 根据强化信号和环境当前状态再选择下一个动作，选择的原则是使

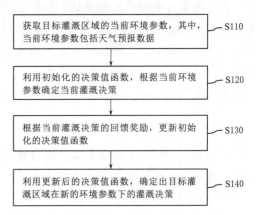

图 4.28　智能灌溉决策模型运行原理图

受到正强化（奖）的概率增大。选择的动作不仅影响立即强化值，而且影响环境下一时刻的状态及最终的强化值。模型运行原理图如图 4.28 所示。

2. 实施方案

收集灌区长系列环境参数，包括天气预报数据、土壤墒情/水层深度数据、作物生长发育时期、灌区历史灌水量及灌水日期数据，构建灌区环境参数数据库。

模型首先获取目标灌溉区域的当前环境参数；利用初始化的决策值函数，根据当前环境参数确定当前灌溉决策；根据当前灌溉决策的回馈奖励，更新初始化的决策值函数；利用更新后的决策值函数，确定出目标灌溉区域在新的环境参数下的灌溉决策。通过将强化学习思想应用于灌溉决策的学习过程，利用与环境的交互过程中获得的奖赏指导灌溉决策，在环境中不断地尝试和探索，从而得到目标灌溉区域的最优灌溉决策。最后从灌区选取典型灌片，设置对比实验，验证模型节水成效、预报精度及模型的实际运行效果。

（1）决策值函数。更新后得到的下一个决策周期的决策值函数为

$$\theta_{t+1} = \theta_t + \alpha [r_t + \gamma \theta_t^T (s_{t+1}; a_{t+1}) - \theta_t^T (s_t; a_t)](s_t; a_t)$$

式中　　θ——参数向量函数；

$(s_t; a_t)$——当前决策周期内的环境参数和灌溉决策的合并向量；

γ——奖赏折扣；

α——更新步长；

r_t——当前决策周期的回馈奖励。

修正后的下一个决策周期的土壤水层深度表示为

$$h_{t+1}=\begin{cases}h_{\max}, & a_t=灌溉\\ H_p, & a_t=排水\\ h_t+p_t^{1*}-ET_{ct}^*-p_t, & a_t=既不灌溉也不排水\end{cases}$$

式中　　h_t——当前决策周期内的土壤水层深度；

p_t^{1*}——当前决策周期内的实际降雨量；

ET_{ct}^*——当前决策周期内的实际作物蒸散量；

p_t——当前决策周期内的渗漏量；

a_t——对应当前决策周期的灌溉决策；

$h_{\max}$——目标灌溉区域的作物适宜水层上限；

H_p——目标灌溉区域内作物雨后允许蓄水深度。

（2）环境状态向量 s_t。目标灌溉区域的当前环境状态向量可以表示为

$$s_t=(P_t,h_t,ET_{ct})\quad t=1,2,3,4,\cdots,n$$

式中　　P_t——当前灌溉决策周期 t 内的预报降雨量序列；

h_t——当前灌溉决策周期 t 内的土壤水层深度；

ET_{ct}——当前灌溉决策周期 t 内的预报作物蒸散量；

n——作物生长发育最后一个周期。

（3）强化学习环境 E。目标灌溉区域的灌溉决策环境抽象化为强化学习环境 $E=\{S,A,P,R\}$。状态空间向量 S 表示灌溉决策周期内的环境状态向量，例如，当前灌溉决策周期 t 内的环境状态向量可表示为 $s_t=(P_t,h_t,ET_{ct})$。

动作空间向量 A 表示灌溉决策的选项，例如，可表示为 $A=\{$"灌溉"，"排水"，"既不灌溉也不排水"$\}$。

转移函数 P 表示在灌溉决策周期内执行灌溉决策后环境从一个状态转移到另一个状态，环境参数的变化包括土壤水层深度或土壤含水量的变化、预报作物蒸散量的变化以及天气预报数据的更新等。例如，由当前灌溉决策周期 t 环境状态更新为下一个灌溉决策周期 $t+1$ 的环境状态，转移函数 P 可表示为：$s_{t+1}=p(s_t,a_t)$。a_t 表示当前灌溉决策周期 t 的灌溉决策，选自动作空间向量 A 中。

奖励函数 R 为由一个灌溉决策周期转移到另一个灌溉决策周期时，根据对应的环境状态反馈奖赏，包括对正确的灌溉决策赋予较大的奖励值。例如，当前灌溉决策周期内的奖赏函数可表示为：$r_t=r(s_t,a_t)$。

（4）当前灌溉决策 a_t。基于强化学习环境的向量表示为 $E=\{S,A,P,R\}$ 和初始化的决策值函数，得到当前灌溉决策 a_t。

考虑灌溉决策环境下的状态空间向量 S 不是有限的向量，故采用值函数近似方法求解值函数，函数可以表示为 $V_\theta(s)=\theta^T(s;a)$，其中，$(s;a)$ 表示环境状态向量 s 和灌溉决策 a 的合并向量，θ 表示参数向量函数。在灌溉决策学习过程中，基于 ε-贪心算法，

利用当前生成的随机数与预设探索概率 ε 的数值关系，确定目标灌溉区域的当前灌溉决策，以实现完善与优化灌溉决策学习过程的效果。具体的，随机生成（0，1）之间的随机数 rand，如果 rand 大于探索概率，即 rand≥ε，则选择值函数的函数值最大时对应的灌溉决策，即 $a_t = \text{argmax}\theta^T(s；a_{t-1})$；如果 rand 小于探索概率，即 rand<ε，则以均匀概率随机选择一个灌溉决策。

其中，关于基于初始化的决策值函数确定当前灌溉决策与基于随机数确定当前灌溉决策，可以通过预先设置的学习比例划分进行选择。例如在灌溉决策学习过程中，设置80％的学习过程基于决策值函数确定灌溉决策，剩余20％的学习过程基于随机数确定灌溉决策。

4.7.2　"五统一"支撑平台

赋石水库灌区信息化系统将积极对接省级、县级现有平台和资源，根据浙江省水管理平台建设"五统一"要求，将省厅统一发布的统一门户、统一用户、统一水利地图、统一水利数据仓、统一安全作为赋石水库灌区数字水利的应用支撑框架，实现与安吉县水平台、浙江省水平台的互联互通。

4.7.2.1　统一门户集成

赋石水库灌区数字水利遵循浙江省水管理平台统一门户集成框架要求，通过定制门户展示方式和布局，上架自建应用，配置省级统建应用，并集成省级统一用户认证服务，完成赋石水库灌区数字水利门户配置。

4.7.2.2　统一用户建设

基于"浙政钉""浙里办"人员组织架构开展，省市县三级根据权限分工维护各自"浙政钉"节点相应人员信息，由水管理平台进行统一获取，通过水利数据前置库实现水利行业内人员信息的来源统一、同步更新；对于行业外用户对应人员，各业务应用通过"浙里办"对外提供公共服务、事项办理时，对人员唯一信息进行识别、绑定，汇聚至水利数据前置库，实现行业外用户信息的统一。

4.7.2.3　统一水利地图建设

在浙江省水利行业动态电子地图的架构内，建设赋石水库灌区数字水利基础地图，实现水利空间信息基于"一张图"的共享、交流和融合。对现有应用系统中的水利地图进行分析和研究，根据水利业务的需要对水利地图进行整合，建立区域水利空间资源目录，整合水利空间数据资源，将分散的水利空间要素汇聚在统一的基础地理空间底图中。根据水利空间数据的采集、处理、汇聚、更新的规范和要求，形成空间数据处理机制，保障空间数据的"一数一源"，实现空间数据引擎建设、基础地图服务和空间分析处理，形成共建共享、资源丰富的具有赋石水库灌区特色一张图。

赋石水库灌区数字水利存储赋石水库灌区沿线实体的空间地理信息数据，主要为河道沿线流域基础地理信息和重要工程的各类实体要素的矢量化数据，如水闸、渡槽、隧洞、涵洞、倒虹吸、分水口门、交叉建筑物、山塘水库等。属性数据为各类实体要素的名称、代码等相关属性数据。

4.7.2.4 统一水利数据仓建设

按照《浙江省水管理平台统一数据建设指南（试行 V1.0 版）》，建成水利大数据赋石水库灌区水利数据前置库节点，形成充足的存储能力，实现数据年度汇聚与治理。水利数据源由被动采集、离线收集向主动发现、在线感知转变，工作在统一平台上开展，数据在工作中产生，实现"工作在线、数据在线"。

数据格局由各自建设、相互隔离向共建共享、相互融合转变，并实现省市县三级数据共享交换，实现"全面共享、实时联动"。

4.7.2.5 统一安全建设

依托政府云平台的安全机制，外网用户经过统一认证后，只能访问政府云平台；政府云平台和内网管理平台实现相对独立的数据交换。信息基础设施控制系统和内网管理平台通过物理网闸实现单向数据流动隔离。

4.8　应用平台建设方案

4.8.1　灌区信息服务平台

赋石水库灌区数字水利将积极对接省、县级现有平台和资源，根据浙江省水管理平台建设要求，将省厅统一发布的核心六大业务作为赋石水库灌区数字水利的业务支撑框架，实现与安吉县水平台、浙江省水平台的互联互通。六大业务应用是统一门户的重要模块，是水利工作的重要落脚点，是支撑水利全面数字化转型的业务驱动，主要包括水资源保障、河湖库保护、水灾害防御、水发展规划、水事务监管和水政务协同。在省级统建应用基础上，结合赋石水库灌区的实际情况，申请赋石水库灌区特色应用建设试点。

4.8.1.1 基础管理模块

1. 工程责任人落实

以落实"三个责任人"为重点，落实主体责任，落实行政负责人、管理责任人、巡查责任人。

2. 工程巡查与监测

按照工程管理规程，开展日常巡查与工程监测，发现问题及时上报。以强监管的姿态，利用 APP 巡查到点直接捆绑。

3. 工程维修与养护

对巡查和监测中发现的问题，及时进行维修养护。

4. 工程安全鉴定

对工程定期进行安全鉴定（评价）；遭遇特大洪水、强烈地震，或者工程发生重大事故、出现影响安全的异常现象时，及时组织安全鉴定（评价）。

5. 工程降等报废

对实施除险加固，不经济、不生态，已丧失主要功能的水利工程，按照有关规定实施降等报废。

6. 工程安全应急预案

工程管理单位编制工程安全应急预案（包括抢险处置方案、放水预警方案等）。

7. 工程安全分析与评价

依据工程本身及管理情况数据，运用大数据统计分析，进行单工程安全状况和区（流）域整体安全状况评价，为省市县各级水行政主管部门提供决策支持。

8. 工程调度规程

根据灌区内水工建筑物设计功能，在工程完成竣工验收时，建设单位应同时向管理单位提供调度规程。由于各种原因，目前有些工程无调度规程，或已有规程不适合实际。需要提醒或督查管理单位开展规程编制或修编工作。

9. 控运计划编制审批

依据工程调度规程和设计文件，根据年度工程上下游情势，由工程管理单位编制控制运用计划；按分级管理权限，省市县水行政主管部门对水库、水闸等水利工程控制运用计划进行核准，并监督执行。

10. 工程控制运行与调度

水管单位根据批准的控制运用计划和上级调度指令，对水工程进行调度。按规定编制《放水预警》并由当地政府公布，调度放水时，按照预警方案，做好预警工作。

11. 功能调整

随着经济社会的发展要求和工程运用情况，对原设计功能进行调整。

12. 效益分析与评价

通过平台大数据分析，对灌区运用的效益进行计算与分析，包括防洪效益、经济效益等。

13. 工程注册、登记、备案

水库、水闸按水利部相关规定，分级办理注册手续。

14. 机构、人员、经费落实

以标准化管理为抓手，根据管理规程落实管理要求，督促工程管理单位（业主）明确工程范围、履职范围，重点是落实管理单位、管理资金、管理人员、依标管理，难点是工程管保范围的划定。对完成管理与保护范围划定的水利工程，显示范围界线，掌握土地登记手续办理情况。

15. 数字工程

数字工程包括：工情感知体系，渡槽三维扫描模型，人工智能。

16. 日常监督管理

根据要求，动态监视水利工程运行指标，如安全鉴定超期、超控运限制水位运行、责任人履职不到位等情况进行监控，进行提醒与预警。

17. 专项督查管理

针对日常监管中发现的突出问题，或上级部门的部署组织专项行动，进行督查；对督查发现的问题进行挂牌督办，清单式管理。

18. 管理考核

按照《水利工程管理考核办法》，根据考核量化指标，由水管单位自检，上级部门考核。

19. 政策与标准发布

在平台发布政策与规范性文件，跟踪水利工程管理地方标准及水利部发布的行业标准，贯彻实施。

20. 工程"三化"改革

掌握各地水利工程管理产权化、物业化、数字化改革进程，推广好经验、好做法。

21. 专项方案管理

工程除险加固等专项方案管理。

22. 在线服务

以在线提供培训课件等方式，对水管单位的职工进行在线培训。

4.8.1.2 安全管理模块

管理人员通过安全管理模块查看数据信息及照片信息，综合了解水位、流量情况，及时掌握管辖区域内水情现状；同时也可根据工程现场情况及闸门运行情况的照片，及时发现险情预兆，判定险情，提前预警，为渠道、水闸安全运行提供及时有效的信息支撑。

管理人员可以很方便地通过本模块了解目前赋石水库灌区工程业务安全运行状态。当存在安全隐患的时候，系统会以特殊的颜色对该元素以及该元素所属的各个上级类别进行标识，并通过系统提醒、短信提醒等方式提醒相关责任人及时处理。各种颜色代表了各种安全状态，绿色表示安全，黄色表示亚安全，淡蓝色表示待查，红色表示隐患或故障，等级依次提高。

1. 元素安全管理

工作人员在每次巡查、检查后，将发现的安全隐患录入本系统，由该安全隐患的责任人提出整改意见，并由灌区业务工作人员根据整改意见进行实施，及时排除安全隐患。主管和领导可以在意见栏里填写意见。

2. 复核操作

安全员可以在复核模块对当前非安全元素进行复核，也可以查看历史记录。

3. 待查设置

必要时，领导可以通过该功能将自己管理范围内的元素设置成待查状态，要求具体人员对每个元素的具体情况进行检查。

4. 历史非安全查询

历史非安全查询主要提供非安全元素历史数据的查看功能。

4.8.1.3 量测水管理模块

目前灌区的量测水现状是，通过人工目测水尺读出水位，再通过流量换算公式计算出流量，这样的计算方式繁琐工作量大，并且缺少信息的时效性，造成人力资源的浪费。同时大量的水位、流量信息的存储和查询，同样也是一个问题。

因此灌区需要建设量测水信息管理系统，根据灌区的量测水现状，结合明渠量水规范，将各种量水方法固化到系统中，用户可以方便快捷、直观有效的对所在灌区范围内的重要渠道、闸门、监测站等水利设施的水量信息进行测量、计量（遥测信息可以自动采集至系统中；人工观测信息可以通过观测人员手机短信或手工输入方式传输到系统中）。该系统根据预先设定的各量水站点的量水方式和参数，选用相应的计算公式，对传输过来的信息进行处理，快速生成相对准确的流量、水量数据，为灌区水资源的合理利用、灌区配水调度、防汛抗旱等工作提供有力的支持。

灌区量测水管理系统以水情信息采集为基础，实现水情信息的实时查询、统计分析及水情整编，并结合应用软件开发技术、数据库技术和地理信息技术，通过曲线拟合的手段推导适用性较强的水位流量关系曲线，从而根据水位得到流量。为灌区的资源调度、水资源经营、工程建设以及综合利用提供科学依据，为灌区信息化管理工作提供数据基础。

灌区量测水管理系统主要包括：水情录入、水情查询、流量关系管理、水情整编、水情统计。其中流量关系管理应包含以下最基本的量水形式：流速仪量水，标准断面量水，水工建筑物量水，特设量水设施量水，仪表量水。

4.8.1.4　种植物监测模块

种植物监测模块实现以下功能：灌区内不同时段典型作物种植面积查询、分析、统计，灌区不同典型作物类型的展示、分析、统计，灌区内农田实际灌溉过程的查询及统计。

4.8.1.5　配水调度模块

灌区配水调度管理系统主要包括：用水单位管理、用水户信息管理、月供水平衡、月供水计划、用水需求量、配水指令、轮期水量分摊、日供水统计、自然村用水情况登记、农户用水情况登记、水库日报和渠首日报等功能。

灌区配水调度管理系统的应用可进一步取代人工电话要水、电话配水、人工记录统计的传统配水调度管理形式，提高了配水调度的执行效率，节省了通信费用，降低了运行成本。并且通过对来水情况的预测、历年用水情况分析，可进一步合理配水，提高用水效益。

该系统的基本运行过程为：在来水预报、需水预测、实时监测灌溉系统供水和用水状态及渠道、水库运行状态的基础上，结合用水户用水申请，拟定出调度和用水方案，并对用水情况进行统计、考核，促进用水合理，达到节约用水的目的，使有限的水资源发挥最大的效益。

根据用水管理的运行过程，将用水管理系统分为需水预报制订、用水计划执行、用水计划考核、数据整编四个部分。

根据配水调度模型，计算对各个渠道分水口的分配水量，并统计计划用水量、已灌水量、剩余灌水量；根据建立水资源优化调度模型以及预报降雨量级、水库水位、水库入流的状态，实现水资源调度方案的管理、水资源的优化配置管理。

4.8.1.6　应急管理模块

该系统能实时分析最新传来的水、雨情数据（自动采集设备采集或人工采集），并在达到预设的预警条件下，以短信的形式将预警信息（包括当前水、雨情数值，汛限水、雨情数据等供工作人员参考的数据）发送给相关负责人。

其基本功能如下模块：参数配置模块、实时采集模块、预警检测模块、预警处理模块、历史查询模块。

4.8.1.7 协同管理模块

1. 工程信息

将灌区工程按灌区基本情况及水文特征、灌区历史运用挡水建筑物、泄水建筑物等进行分类，能够进行信息的添加、编辑、修改等，提供按单个工程、某种类型工程等不同组合条件的查询功能。

工程信息主要包括以下模块：灌区基本信息、灌区工程特性、图纸图表、标识标牌、确权划界、工程图片。

2. 组织管理

对考勤情况、教育培训等进行管理。可实现用户管理和用户权限管理。结合管理事项对岗位职责进行细化分解，对人员岗位任务实现日常提醒和工作完成提交，将岗位职责和日常工作相结合，全面反映人员工作情况。组织管理具体包括以下模块：管理机构、管理人员、岗位管理、事项管理、管护经费、培训管理、制度手册、物业化管理。

3. 维修养护

建立设备编码系统和电子设备台账，反映设备的基本情况以及变化的历史记录，为设备的管理和检修提供相应的依据。

年度维修养护计划具体包含以下模块：维养项目、设备管理、技术推广。

4. 应急管理

对防汛抢险物资进行登记及管理。在汛期时，通过该系统可以迅速按相关预案开展工作，协调相关部门，并调度相应物资，保证防汛工作的有序进行。对巡查检查中发现的隐患和异常情况进行记录，并跟踪处理情况，实现闭环控制。应急管理主要模块包括以下模块：防汛物资、应急预案、隐患管理、异常管理。

5. 档案管理

根据灌区标准化管理专题将相关文档按达标要求进行分类，形成灌区标准化管理文档目录。目录应可根据需要进行定制。

6. 达标考核管理

制订达标计划，申报创建或复核，反映达标情况，并与省市县监管平台实现数据对接，按要求上报工程的标准化管理工作考核相关数据，实现标准化管理的监督考核，并提供考核结果查询展示功能。

4.8.1.8 移动智能终端模块

移动智能终端模块利用现有的计算机技术、工业控制技术、4G/Wi-Fi 网络，针对灌区日常管理过程中日益迫切的移动办公需求，将使用频率较高、能够充分发挥移动终端优势的水雨情监测、配水指令、用水计时证、图像采集、官方微信平台等适合通过移动终端管理的灌区业务集成到移动智能终端中，且其所有数据与 PC 机上的应用保持一致，从而为灌区管理人员提供了新的信息管理模式与手段，为用水户开辟了新的信息获取渠道，大大提高灌区工作人员信息发布、传递、接收、处理的及时性与准确性，为决策部门的决策提供科学依据，为灌区工作人员与用水户提供方便快捷的信息服务。

移动智能终端应用主要包括功能：水雨情监测、配水指令、用水计时证、图像采集、官方微信平台。

4.8.2　运行监管一张图

水利工程基础数据库是工程运行管理的"根基"，赋石水库灌区由于其规模大、水利工程众多等特点，在工程前期、设计、建设、运行等过程中生成了大量基础数据资料。虽然水利普查、注册登记、系统采集等方式已将大量的基础数据进行归纳，但由于标准不一、共享机制缺失、投入人力经费不足等问题，导致目前已存在的空间数据库存在数据资源分散、准确性不够、完整性不足、未及时更新等问题。

为解决上述问题，利用 3S 技术［地理信息系统（GIS）、遥感（RS）、全球定位系统（GPS）］，结合最新版水域调查成果、多时相卫星遥感数据、1∶2000 地形图与标准化成果等资料，并对已有数据进行整理归纳更新，构建"灌区一张图"工作底图，从空间上、时间上实现对灌区内水利基础设施与水资源的现状与变化进行了解，实现对水利基础设施和水资源的规范管理。例如在同一工作底图中将所要求的水域信息、水利工程信息与其余相关信息（规划数据、交通数据）上图，便于后期进行检索。同时通过数据空间叠加的方式，避免后期灌区内空间交叠、各自为政的情况，便于后期进行灌区规划与管理。

以新构建"灌区一张图"为基础底图，基于赋石水库灌区运行管理数据库，建设涵盖灌区的电子地图，为赋石水库灌区工程安全运行、协同管理、监督管理提供统一地图服务、空间拓扑分析等空间地理支撑。结合水利数字化和智慧化运行管理，融入无人机全景、渠道全景图，实现水利工程运行与监管动态展示与管理。

基于本平台建设需求分析成果，以监管平台及协管平台等现有成果为基础，综合采用大数据、WebGIS 等技术，整合处理赋石水库灌区水利工程空间数据、基础地理信息数据以及地名数据，构建在线地图服务，开发建设赋石水库灌区工程电子地图和空间分析服务接口，实现全省水利工程一张图空间信息展示、查询、分析等应用，为赋石水库灌区工程运行管理提供基础底图和功能服务支撑。

4.8.2.1　日常运行管理专题模块

1. 渠系整体展示

基于 GIS 地图从地理信息位置、渠道长度信息、渠道类别信息等多维度全面展示灌区渠系信息，将渠道部署展示在 GIS 地图中。

2. 灌溉信息展示

展示灌区整体灌溉范围，结合灌区整体渠道分布图，可描绘灌区整体情况。

3. 工情基础信息展示

显示水闸、分水口、隧洞和渡槽等基本信息，包括名称、编码、联网状态、类型、照片等信息。

4. 工情监测数据展示

实时工情信息通过点标注结合工情数据列表展示，展示泵闸具体信息，根据上报的实时数据，查看不同时间段的曲线数据。提供单个水闸的数据查询，用柱状图和数据列表展示。

5. 视频监控信息展示

视频监控显示：视频建设单位、健康状态、具体位置名称、摄像头型号等视频基础信息，视频位置，视频信号播放等。

6. 水利要素展示

水利要素显示灌区内及灌区周边水利工程，能清楚了解灌溉范围内各片区需水情况，为灌溉放水决策提供支撑。

7. 工程建设展示

管理者往往需要了解渠道工程建设情况包括：哪些渠道段近几年刚开展过维养建设或衬砌工作，不需要再次改造导致重复浪费；哪些渠道年久失修，事故多发，亟须投入资金开展建设维护改造；还可以类比不同工程的改造金额，对比各段工程资金投入情况。工程建设模块可综合各方面信息，监督灌区渠道历史建设维护情况，也为后续工程建设提供可视化信息展示分析，帮助用户进行决策。

8. 放水演进展示

监测调度放水后渠道内的水延伸抵达至何处，通过地图渠道动态逐步演进。若预估到达时间与实际到达时间不符，触发预警提醒相应负责人。

9. 区域含水展示

图形化展示灌区各片区范围内含水情况，含水情况通过录入的参数、监测的水位、近期雨量进行计算，用覆盖及增加透明度的形式填充地图，用高可视化的形式告知用户灌区内各区域含水情况。

10. 地图标注展示

用户可在地图中自由标注信息，提供点、线、面多种标注形式，允许用户修改标注的颜色、大小、类型等，标注可设置仅自己可见或公开，为"一张图"再添协同办公能力。

点标注：通过打点的形式在地图上进行标注，可备注任意信息，可自定义挑选点标注颜色及形状。

线标注：通过连线的形式在地图上进行标注，可备注任意信息，可自定义挑选线标注颜色、粗细及形状。

面标注：通过三点成面的形式在地图上进行标注，可备注任意信息，可自定义挑选面标注颜色、边界粗细及覆盖透明度。

4.8.2.2 水资源管理专题模块

1. 水情图层展示

水位测站基础信息：显示水位测站的基本信息，包括名称、编码、联网状态、类型、照片等信息。在后台的赋石水库灌区水利数据前置库中实现水位基础信息维护。

单水位站水文数据分析：用列表实时显示各站当前水位、超警戒、保证情况等。提供单站的详细信息，包括水位过程线、当前水位、日、当日水位极值、超警戒情况等信息。

2. 雨情图层展示

雨量站基础信息：显示雨量站的基本信息，包括名称、编码、联网状态、类型、照片等信息。在后台的赋石水库灌区水利数据前置库中实现雨量站基础信息维护。

单雨量站水文数据分析：实时雨量信息通过雨量等值面、点标注和雨量数据列表展示，支持10分钟、30分钟短历时降雨数据查看，可查看近1小时、3小时、6小时、24小时的雨量数据。提供单站降雨过程查询，用柱状图和数据列表展示。

3. 土壤墒情图层展示

墒情站基础信息：显示墒情站的基本信息，包括名称、编码、联网状态、类型、照片等信息。在后台的赋石水库灌区水利数据前置库中实现雨量站基础信息维护。

4. 水资源分布分析

（1）实时水位分析。基于 GIS 地图展现全市重要水位站点的实时水位信息，通过实时水位与警戒水位、历史最高水位的对比，进行水位分级预警。

（2）实时墒情分析。基于 GIS 地图展现全市重要墒情站点的实时土壤含水量信息，通过实时土壤含水量与警戒含水量的对比，进行水位分级预警。

（3）工程运行分析。对赋石水库灌区范围内的水库、重要水闸、分水口和支渠的实时运行情况进行滚动展示，展示信息包括上下游水位状态、闸门泵站启闭状态、运行流量数据等。

5. 水资源调度研判

（1）需水量分析。基于动态需水量模型，实现灌区动态需水量的计算。在 GIS 地图上展示灌区不同区域当前需水量。并以列表形式展示动态需水量的变化趋势，同时对动态需水量进行预警。

（2）补给水量分析。基于灌溉预报决策模型、防洪调度模型以及灌区内渠首、排口水位流量的监控，实现灌区补给水量的计算。在 GIS 地图上展示灌区渠首、排口水位流量的动态监控和各渠首的补给水量的计算。并以列表形式展示补给水量的变化趋势，同时对补给水量进行预警。

4.8.2.3　工程安全监管专题模块

基于灌区安全监测数据库，运用物联网、大数据、AI 人工智能等新技术、新手段，针对不同类别、不同区（流）域、不同规模水利工程安全状况开展在线实时诊断，分析水利工程安全状况，为各级政府部门防汛检查、调度运用、应急抢险等工作决策提供依据。

1. 工程巡查图层展示

工程巡查图层显示人员的轨迹情况和排班信息，点击人员已完成巡检的任务，可以查看该次巡检任务更为详细的数据，包括巡检路线、巡检详情、该班组的巡检次数、各次巡检的开始结束时间等。巡检路线通过 GIS 地图展示，用一个点模拟巡检人员，然后将其巡检路线描绘在 GIS 地图上。

2. 定期检查图层展示

定期检查包含汛前检查、年度检查和特别检查，实现对检查表的填写、审核、存储和查看，并自动生成检查报告。在地图中标志检查位置，按照不同的检查类型通过颜色进行区分，点击查看检查详情，包括检查时间、检查地点、检查内容、检查报告等，可支持预览、下载等功能。

3. 工程隐患图层展示

工程隐患图层是对巡检时发现的隐患异常信息进行展示。对隐患点位进行聚合，放大可查看单个点位的隐患信息，包括隐患异常的设备名称、发现人、类型、处理人、隐患异常照片、隐患异常状态等信息。可查看具体具体的隐患流程情况，查看各个隐患流程节点上报的信息，实现工程隐患的全过程跟踪。

4．应急响应图层展示

应急响应图层实现对应急位置进行展示，以不同颜色显示应急等级，通过地图和列表的联动，展示单个应急响应情况，查看灾害信息和应急流程，支持地图直接发布应急响应，便于用户执行。

5．安全鉴定图层展示

安全鉴定图层中显示工程的位置、安全监测情况等，根据列表查询条件关联地图，查看详细的鉴定信息，包括工程名称及类型、安全鉴定计划开始日期、开展安全鉴定的原因、鉴定项目、鉴定状态、鉴定审核等信息。通过安全鉴定计划下达、审核等流程对安全鉴定的状态进行提醒，显示详细的鉴定过程。

4.8.2.4 配水运行调度模块

配水运行调度管理包括防灾调度、水资源调度、调度会商支持和抢险支持。防灾调度是根据降雨、台风、墒情等水旱灾害发生后，启用应急人员物资、闸站联合调度，降低灾情对灌区的最低影响。水资源调度是根据水资源供需情况，在保障灌区内生态流量的基础上，实现水资源的综合调度。

1．调度方案管理

根据灌区防灾需求和水资源调配需求，建立灌区防灾、水资源的年度、月度调度方案，方案内容包括实况调度、规则调度、人员物资调度和工程调度调整等。

（1）实况调度。根据防灾和水资源调配需求，进行调度实时数据查询，确定当前主要口门、水闸站、控制性工程的闸坝水头差、引排水情况、闸门启闭状况、过闸流量状况等的变化；包括各主要口门、水闸站、控制性工程实时闸坝上下游水位形势及水头差、过闸流量情况统计报告、闸门启闭情况统计报告、工程设计能力统计报告等信息；根据当前实况情况形成全流域实况调度方案。

（2）规则调度。通过当前总体形势分析，根据对相关工程运用规则、工程启用原则、调度方案、应急预案等调度原则，开展规则调度的推理计算，确定当前城市防洪、活水自流工程、城区排水设施、主要排水泵站等各水闸站、口门当前调度状况及该采取的调度措施。

（3）人员物资调度。建立机动抢险队伍数据库，包括机动排水设备、机动队伍等。建立机动抢险队伍应急响应机制。对出现城区内涝、下立交积水等情况需要调用机动抢险队伍开展排水作业时，可根据积水情况、排水能力、最短距离等分析开展相关机动队伍的调配。

（4）工程调度调整。工程调度方案采取分级设置，分成总体控制方案和局部控制指导方案两个层次，根据调度方案、调度规则等进行调整，并将与前一日运行情况改变项编列出来。

2．调度指令管理

建立灌区与防灾、水资源调配信息关联触发机制建立调度指令关键指标数据与防汛、水资源预警监视的关联关系；根据当前实时防灾、水资源信息比对调度指令的执行情况跟踪条件，对违反调令运行的工程，系统能自动提醒相关人员采取相应措施，并及时发布预警信息；调度管理人员能根据当前实时防灾、水资源信息比对调度指令的执行情况，迅速检索到相关单位采取措施，必要时可向相关单位发出处理预警。主要功能包括调度指令的填报和调度指令的管理。调度指令填报内容包括：发起人、联系方式、发起单位、发起时间、事件名称、事件类型、发生时间、发生地、坐标、描述、处置建议、附件等。

3. 调度会商支持

高清会商系统可以实现远程应急指挥，为指挥中心提供跨终端、多方式的沟通服务，以及跨地域提供覆盖语音会议、多媒体会议、高清视频会议需求的各类服务，并可针对用户的需求提供打包组合服务。可通过专用高清会议终端和 Web 页面预约和发起会议，支持客户端、手机、固话等终端灵活接入，从而实现无障碍、面对面的交流。

4. 抢险支持

物资管理：由物资管理中心、物资设备仓库负责对仓库的物资基本信息进行维护管理，并能根据需要向上级主管部门上报物资基本信息。物资基本信息包括物资设备品种、规格型号、计量单位、数量、价值、厂商、生产日期、入库日期、保管年限、完好程度、是否储存到期等进行登记、核对、修改、维护管理和日常查询检索。

（1）人员管理。建立灌区指挥调度通讯录，为后期创建调度小组和内部调度指令传达提供渠道；按照水利地理网格的划分，每个区域都要有调度小组进行巡检应急处理，系统提供便捷的调度群组建立和管理的功能；实现小组内部的 IM 沟通协同，险情采集、调度指令下达等功能；基于地理网格化管理，将网格区域与调度队伍建设紧密联系起来，按照区域和专业设施，责任到人，由专人来负责巡检、上报、处置、抢险等；在地图上通过矢量电子地图及报表的形式，实现对抢险物资、人员的基本信息管理、检索与维护。

（2）人员物资优化调度。对防汛仓库、抢险物资及抢险专家等进行数字化动态管理，利用 GIS 的网络分析功能，可为决策者对受灾人员救助安排提供合理的、科学的依据和人员疏散路线分析，最佳避难和迁移方案。

4.8.2.5　三维展示模块

结合水利部"智慧水利"试点和工程管理"三化"改革，逐步构建赋石水库灌区三维可视化模型，融入无人机全景、渠道全景图，实现水利工程运行与监管三维动态展示与管理。

4.9　支撑保障体系建设方案

根据浙江省数字化改革需要，结合水利部智慧水利的要求，在省政府的政策制度、标准规范、组织保障和网络安全的整体框架下，安吉县赋石水库中型灌区续建配套与节水改造信息化系统通过强化网络安全技术支撑、健全网络安全管理机制和保障网络安全日常运行，构建严密可靠的网络安全体系。

赋石灌区信息化网络安全系统符合国家信息安全等级保护制度第二级以及国家商用国产密码要求的基础上，采用分区分层进行系统设计。办公管理层与控制层采用物理隔离设备网闸进行业务隔离，整个系统与外网采用防火墙、入侵防御设备等进行保护。

4.9.1 安全物理环境

4.9.1.1 消防系统

（1）气体灭火控制器。满足《火灾报警控制器》（GB 4717—2005）、《消防联动控制器》（GB 16806—2006）和《固定灭火系统驱动》（GA 61—2010）、控制装置通用技术条件中有关气体灭火控制器的要求。具有以下功能：具有火灾探测及报警功能；能控制实现气体灭火设备的启动喷洒；GST-QKP01 收到启动控制信号后能启动现场的区域讯响器报警、自动显示延时且指示延时时间；并联动启动输出模块实现关闭门窗、防火阀和停止空调等功能；延时启动的延时时间在 0～30s 连续可调；具有停动功能；具有手自动转换功能；自身带有备电，在主电缺失时可自动进入备电运行状态，能给备电充电并有备电保护功能；具有信息记录、查询功能，可保存后的 999 条记录。

（2）柜式七氟丙烷气体灭火装置。灭火装置采用 GQQ70/2.5-HJ 型柜式七氟丙烷气体灭火装置，可扑灭 A、B、C 类火灾及电气火灾，能安全有效地使用在有人常驻的场所；也可适用于计算机房、通信机房、测试中心、变配电室、精密仪器室、理化实验室等；柜式七氟丙烷气体灭火装置集灭火剂瓶组、连接管、喷嘴、电磁驱动器等于一体，与其他灭火灾控制器、火灾探测器等连接，可实现自动探测并实施灭火；含 70kg HFC-227ea 七氟丙烷药剂。

（3）其他。消防系统还应含泄压阀、输出模块、点型感温火灾探测器、点型光电感烟火灾探测器、火灾声光警报器、放气指示灯、紧急启/停按钮、电线、线管、辅材等。

4.9.1.2 精密空调

技术参数：<12.5kW 的总冷量，输入电压制式 220V～/50Hz，允许电压波动范围：220V±10%，频率：50Hz±2Hz，风量要求不得低于 2200m³/h；机房专用空调机组室内机高度≤10m，采用 R410A 环保冷媒；风冷型机柜机房专用空调应在−15～45℃的室外环境温度范围内保证正常制冷；机组空调室内机包括蒸发器、EC 风机、控制器、电子膨胀阀、过滤网、等部件。送风方式：三侧送风（风机上送风、左送风、右送风）。

采用 EC 风机可以无级调节调速，1 个电机带动两个风轮，可以随负荷进行快速响应，具有高风量、高效率、长寿命、低噪声的优势。

机组压缩机必须采用高效可靠的变频压缩机，可实现机组制冷量的灵活调节。压缩机变频控制技术结合机组的送风温度控制，可以使机组在不同的热负荷下能够灵活调节制冷量，从而提供相对恒定的送风温度，降低了送风温度的波动。另外在低热负荷条件下可以尽量降低压缩机的运行频率来保证机组送风温度不会降到太低，并且避免压缩机进入频繁启停状态，如此不仅提高了机组的运行效率和可靠性，还可以避免送风温度太低造成的结露风险。

监控接入采用 RS-485 接口，支持一体化机柜直接开关机及采集精密空调参数；机架式精密空调具有从前面排出冷风的送风单元。

4.9.1.3 设备柜

技术参数如下：

用于安装 UPS、配电、动环、精密空调的设备柜，尺寸：600×1200×2000（mm），机柜应自带脚轮，现场可拆卸。

机柜静态承重要求不小于 1800kg。

机柜前门采用双层隔热玻璃，后门采用钣金实门设计（拒绝采用网孔设计）；单排一体化机柜采用封闭冷、热通道设计方案。

机柜进出线方式：上下均预留可拆卸封闭进出线，方便系统走线。

机柜前面除预留配电模块及 UPS、精密空调安装位置之外，空余部位均采用 1U 免螺丝封板密封，设备柜内配置 30 块 1U 免螺丝封板密封。

机柜内部提供 1 副导轨、1 块层板、PDU 安装板 1 副、垂直走线板 1 副。

机柜顶部需包含 1 组 M 型强弱电分离的走线架，并柜所需密封板、附件等。

机柜 PDU（每个机柜 2 个）：IN32A＋GB16A×4＋GB10A×12，垂直（0U）；工作电压：220V；额定输入电流 32A；12 位 10A 国标插孔；4 位 16A 国标插孔；输入 32A 工业连接器；含防雷模块。

机柜内须配置一体化动环监控系统（含 10 寸触控一体化动环主机，温湿度传感器 2 个，烟感 1 个，漏水传感器 1 套等）。

机柜需提供应急通风系统，含应急控制单元；在空调故障或散热不足时，自动检测并产生联动。

动环监控系统采用一体式监控主机，监控对象：空调、UPS、配电模块、冷、热通道温湿度、机柜前后门开关状态、空调漏水监测、烟雾探测等。

应完成柜内环境、设备运行信息的采集、管理、分析和告警，包括柜内微环境监控、UPS、配电设备监控。

监控系统配置不小于 10 英寸彩色触摸屏，镶嵌于机柜正门，能够实时查看 UPS、配电、柜内环境量（温湿度、漏水、烟雾）等数据。

可通过 Web 界面查看系统运行信息、告警信息，进行参数配置。

可直接通过监控系统设置空调运行的详细参数（送、回风温湿度控制、精度校准等），远程开关机操作。

支持活动告警查询显示、历史告警查询显示。

★提供告警联动，根据冷通道温度控制应急通风系统的启停，可与消防系统进行联动。

机柜标配门磁模块，可及时检测机柜门的开关状态，并在集中监控中显示。

4.9.1.4　网络柜

技术参数如下：

网络柜尺寸：600×1200×2000（mm），机柜应自带脚轮，现场可拆卸。

网络柜静态承重要求不小于 1800kg。

网络柜前门采用双层隔热玻璃，后门采用钣金实门设计（拒绝采用网孔设计）；单排一体化机柜采用封闭冷、热通道设计方案。

网络柜进出线方式：上下均预留可拆卸封闭进出线，方便系统走线。

网络柜内每个机柜配置 30 块 1U 免螺丝封板密封。

网络柜内部提供 1 副导轨、1 块层板、PDU 安装板 1 副、垂直走线板 1 副。

网络柜顶部需包含 1 组 M 型强弱电分离的走线架，并柜所需密封板、附件等。

网络柜配置 1 套门磁模块。

网络柜 PDU（每个机柜 2 个）：IN32A＋GB16A×4＋GB10A×12，垂直（0U）；工作电压：220V；额定输入电流 32A；12 位 10A 国标插孔；4 位 16A 国标插孔；输入 32A 工业连接器；含防雷模块。

网络柜需提供应急通风系统，含应急控制单元；在空调故障或散热不足时，自动检测并产生联动。

4.9.1.5 机房门禁系统

技术参数：包括门禁一体机、单门磁力锁、门禁电源、出门开关、线材及辅材等；7 英寸 LCD 触摸显示屏，屏幕比例 16：9，屏幕分辨率 1024×600，采用 200 万宽动态摄像头，大视场角 120°，采用星光级图像传感器，无需白光补光灯，支持 5000 人脸库，支持多种认证方式：刷卡、指纹、人脸、刷卡、密码。

4.9.1.6 配电系统

技术参数：配电系统采用机架式安装方式，为节约机柜内空间，高度不大于 4U；单相 10K 机架式配电模块，高度 4U，总输入：125A/1P、UPS 输入：63A/1P，UPS 输出：63A/1P，维修旁路：63A/2P，空调：63A/1P，PDU 及预留：6×32A/1P，监控及应急通风：2×10A/1P，含 C 级防雷模块（带 32A/2P 开关），含主路电能检测，含 RS－485 监控接口，含 DC12V 输出接口；配电模块输入输出均采用穿墙端子，每个空开及端子标识采用不可擦除的丝印或铭牌标识清楚。

4.9.1.7 UPS 不间断电源

技术参数：采用 15kVA 高频双变换纯在线式智能型 UPS 不间断电源，其内部直流稳压电源应有过压防雷、过流保护及电源故障信号，电源输入回路应有隔离变压器和抑制噪声的滤波器。

4.9.2 安全通信网络

4.9.2.1 防火墙

TG－A2206 防火墙基于天融信 TOS 安全操作系统平台设计，具有高效、可靠、易扩展等特点。产品不仅提供了防火墙基本功能，还集成了身份认证、流量管理、上网行为管理、DoS/DDoS 防护、反垃圾邮件及负载均衡等功能组件。同时，受益于 TOS 安全操作系统平台开放性的系统架构及模块化的设计思想，产品更具有良好的功能易扩展性，可扩展支持 SSL VPN、IPSEC VPN、入侵防御、病毒防御等安全功能模块。

产品硬件层面基于目前最先进的高性能多核架构，通过与 TOS 安全操作系统平台的有机融合，使其在网络层转发、应用层处理及数据加解密等方面均展示出强大的性能优势，满足中小企业及分支机构用户的安全防护需求。

4.9.2.2 入侵防御系统

入侵防御系统（简称 TopIDP）是一款防御网络中各种攻击威胁、实时保护用户网络 IT 服务资源的网络安全防护产品。通过串接部署方式，能够实时阻断包括溢出攻击、RPC 攻击、WEBCGI 攻击、拒绝服务、木马、蠕虫、系统漏洞等在内的 11 大类的网络攻击行为，同时，TopIDP 还具有 DDoS 防御、流量控制、上网行为管理等功能，为用户提供完整的网络威胁防护方案。

4.9.2.3 网闸

机箱高度≤2U；内外端双侧液晶屏；内端机≥4 个 10/100/1000Base-T 接口，扩展槽位≥1 个，含 1 个 MGMT 口；外端机≥4 个 10/100/1000Base-T 接口，扩展槽位≥1 个，含 1 个 HA 口；网络吞吐量≥200Mbps；并发连接数≥4 万，内外端机各 1TB 硬盘；系统架构："2+1"系统结构，内外端机为 TCP/IP 网络协议的终点，阻断 TCP/IP 协议的直接贯通。内外端机之间采用专用硬件和专用协议进行连接，不可编程；硬件架构由内端机、外端机、专有隔离硬件三部分组成。内端机和外端机各自具有独立主板、独立总线、独立的存储和运算单元；内端机和外端机之间非网线、USB 线、SCSI 线等线缆直连，基于光隔离技术专有硬件进行隔离和数据交换。

4.9.2.4 日志审计系统

日志综合采集处理均值≥15000EPS，处理峰值≥30000EPS，至少支持 20 日志源授权；为保障系统运行的可靠性与稳定性，要求信息安全设备、系统软件的开发、生产符合 TL9000-HSV R5.0/5.0 标准。

4.9.2.5 终端威胁防御系统

终端威胁防御系统（简称 EDR）是一套立体化的终端安全防护解决方案，集成病毒查杀、漏洞修复、系统加固、网络防御、终端管控、资产管理、风险态势展示等功能；采用领先的虚拟沙盒技术对威胁行为深度分析，结合勒索诱捕、虚拟补丁、微隔离等主动防御技术，有效解决勒索、挖矿、免杀逃逸等威胁，多维度防御病毒传播和横向感染，全面提升用户的终端安全管理能力。

第 5 章

灌区的其他方面建设

5.1 信息安全建设

灌区信息化网络安全系统符合国家信息安全等级保护制度第二级以及国家商用国产密码要求，采用分区分层设计。办公管理层与控制层采用物理隔离设备网闸进行业务隔离，整个系统与外网之间采用防火墙、入侵防御设备等进行保护。

5.1.1 信息安全设计原则

5.1.1.1 最小化原则

受保护的敏感信息只能在一定范围内被共享，履行工作职责和职能的安全主体，在法律和相关安全策略允许的前提下，为满足工作需要。仅被授予其访问信息的适当权限，称为最小化原则。敏感信息的知情权一定要加以限制，是在"满足工作需要"前提下的一种限制性开放。

5.1.1.2 分权制衡原则

在信息系统中，对所有权限应该进行适当地划分，使每个授权主体只能拥有其中的一部分权限，使他们之间相互制约、相互监督，共同保证信息系统的安全。如果一个授权主体分配的权限过大，无人监督和制约，就隐含了"滥用权力""一言九鼎"的安全隐患。

5.1.1.3 安全隔离原则

隔离和控制是实现信息安全的基本方法，而隔离是进行控制的基础。信息安全的一个基本策略就是将信息的主体与客体分离，按照一定的安全策略，在可控和安全的前提下实施主体对客体的访问。

5.1.2 信息安全设计需求

5.1.2.1 技术需求

1. 物理环境安全需求

物理和环境安全主要影响因素包括机房环境、机柜、电源、服务器、网络设备、电磁防护和其他设备的物理环境。该层面为基础设施和业务应用系统提供了一个生成、处理、存储和传输数据的物理环境。具体安全需求如下：

（1）由于机房容易遭受雷击、地震和台风等自然灾难威胁，需要通过对物理位置进行选择，及采取防雷击措施等来解决雷击、地震和台风等威胁带来的问题。

（2）由于机房物理设备要定期进行巡检，机房出入口应配置电子门禁系统或者专门的人员值守，并对出入机房的人员进行控制、鉴别和记录。

（3）由于机房容易遭受火灾等灾害威胁，需要采取防火措施来解决火灾等威胁带来的安全威胁。

（4）由于机房容易遭受高温、低温、多雨等原因引起温度、湿度异常，应采取温湿度控制措施来解决因高温、低温和多雨带来的安全威胁。

（5）由于机房电压波动影响，需要合理设计电力供应系统来解决因电压波动带来的安全威胁。

（6）针对机房供电系统故障，需要合理设计电力供应系统，如购买 UPS 系统、建立发电机机房，铺设双电力供电电缆来保障电力的供应，来解决因供电系统故障带来的安全威胁。

（7）针对机房容易遭受静电、设备寄生耦合干扰和外界电磁干扰的问题，需要采取防静电和电磁防护措施来解决静电、设备寄生耦合干扰和外界电磁干扰带来的安全威胁。

（8）针对机房容易遭受强电磁场、强震动源、强噪声源等污染，需要通过对物理位置的选择、采取适当的电磁防护措施，来解决强电磁场、强震动源、强噪声源等污染带来的安全隐患。

（9）针对利用非法手段进入机房内部盗窃、破坏等安全威胁，需要通过进行环境管理、采取物理访问控制策略、实施防盗窃和防破坏等控制措施，来解决非法手段进入机房内部盗窃、破坏等带来的安全问题。

（10）针对利用工具捕捉电磁泄漏的信号，导致信息泄露的安全威胁，需要通过采取防电磁措施来解决电磁泄漏带来的安全问题。

2. 通信网络安全需求

通信网络是对定级系统安全计算环境之间进行信息传输及实施安全策略的安全部件，是利用网络设备、安全设备、服务器、通信线路以及接入链路等设备或部件共同建成的、可以用于在本地或远程传输数据的网络环境。具体安全需求如下：

（1）针对网络架构设计不合理而影响业务通信或传输问题，需要通过优化设计、划分安全域改造完成。

（2）针对利用通用安全协议、算法、软件等缺陷获取信息或破坏通信完整性和保密性，需要通过数据加密技术、数据校验技术来保障。

（3）针对内部人员未授权违规连接外部网络，或者外部人员未经许可随意接入内部网络而引发的安全风险，以及因使用无线网络传输的移动终端而带来的安全接入风险等问题，需要通过违规外联、安全准入控制以及无线安全控制措施来解决。

（4）针对通过分布式拒绝服务攻击恶意地消耗网络、操作系统和应用系统资源，导致拒绝服务或服务停止的安全风险，需要通过抗 DDoS 攻击防护、服务器主机资源优化、入侵检测与防范、网络结构调整与优化等手段来解决。

（5）针对攻击者越权访问文件、数据或其他资源，需要通过访问控制、身份鉴别等技术来解决。

（6）针对利用网络协议、操作系统或应用系统存在的漏洞进行恶意攻击（如碎片重组，协议端口重定位等），需通过网络入侵检测、恶意代码防范等技术措施来解决。

（7）针对利用网络结构设计缺陷旁路安全策略，未授权访问网络，需通过访问控制、身份鉴别、网络结构优化和调整等综合方法解决。

（8）针对众多网络设备、安全设备、通信线路等基础设施环境不能有效、统一监测、分析，以及集中安全策略分发、漏洞补丁升级等安全管理问题，需要通过集中安全管控机制来解决。

（9）针对通信线路、关键网络设备和关键计算设备单点故障，要增加通信线路、关键网络设备和关键计算设备的硬件冗余，并保证系统的可用性。

3. 区域边界安全需求

区域边界包括安全计算环境边界，以及安全计算环境与安全通信网络之间实现连接并实施安全策略的相关部件；区域边界安全即各网络安全域边界和网络关键节点可能存在的安全风险，需要把可能的安全风险控制在相对独立的区域内，避免安全风险的大规模扩散。

各类网络设备、服务器、管理终端和其他办公设备系统层的安全风险，主要涵盖两个方面：一是来自系统本身的脆弱性风险；另一个是来自用户登录账号、权限等系统使用、配置和管理等风险。具体如下：

（1）针对在跨边界的访问和数据流防护、网页浏览、文档传递、介质拷贝或文件下载、邮件收发时而遭受恶意代码攻击的安全风险，需通过部署边界设备权限控制和恶意代码防范技术手段解决。

（2）针对用户账号权限设置不合理、账号暴力破解等安全风险，需要通过账号管理、身份鉴别、访问控制等技术手段解决。

（3）针对操作用户对系统错误配置或更改而引起的安全风险，需通过安全配置核查、终端安全管控等技术手段解决。

（4）针对设备系统自身安全漏洞而引起被攻击利用的安全风险，需要通过漏洞扫描技术、安全加固服务等手段解决。

（5）针对通过恶意代码或木马程序对主机、网络设备或应用系统进行攻击的安全威胁，需通过恶意代码防护、入侵检测、身份鉴别、访问控制、安全审计等技术手段解决。

（6）针对用户的所有操作都要进行审计，并对进行保存。审计应包括网络边界、重要网络接点。对用户行为和重要操作进行审计时，需通过部署网络审计设备、用户行为审计等其他审计设备来解决。

4. 计算环境安全需求

计算环境安全涉及业务应用系统及重要数据处理、存储的安全问题。具体安全需求如下：

（1）针对利用各种工具获取应用系统身份鉴别数据，进行分析获得鉴别内容，而未授权访问、使用应用软件、文件和数据的安全风险，需要采用两种或两种以上鉴别方式，可通过应用系统开发或第三方辅助系统来保证对应用系统登录鉴别安全。

（2）针对因应用系统缺陷、接口设计等导致的被恶意攻击利用、数据丢失或运行中断而影响服务连续性的安全风险，需要通过对产品采购、自行软件开发、外包软件和测试验收进行流程管理，同时保证应用软件具备自我容错能力。

（3）针对应用系统过度使用内存、CPU 等系统资源，需要对应用软件进行实时的监控管理，同时对系统资源进行管控来解决。

（4）针对由于应用系统存储数据而引发的数据损毁、丢失等数据安全问题，需通过本地数据备份和异地容灾备份等手段来解决。

（5）针对应用伪造信息进行应用系统数据的窃取风险，需要通过加强网络边界完整性检查，加强对网络设备进行防护、对访问网络的用户身份进行鉴别，加强数据保密性来解决。

5. 安全管理中心的需求

安全管理中心能够对网络设备、网络链路、主机系统资源和运行状态进行监测和管理，实现网络链路、服务器、路由交换设备、业务应用系统的监控与配置。

安全管理平台对安全设备、网络设备和服务器等系统的运行状况、安全事件、安全策略进行集中监测采集、日志范式化和过滤归并处理，来实现对网络中各类安全事件的识别、关联分析和预警通报。

（1）针对内部管理员的违规操作行为，需要采取身份鉴别、安全审计等技术手段对其操作行为进行限定，并对其相关操作进行审计记录。

（2）针对众多网络设备、安全设备、通信线路等基础设施环境不能有效、统一监测、分析，以及集中安全策略分发、恶意代码特征库、漏洞补丁升级等安全管理问题，需要通过集中安全管控和集中监测审计机制来解决。

（3）针对应用系统过度使用服务器内存、CPU 等系统资源的行为，需要对应用软件进行实时的监控管理，同时对系统资源进行管控来解决。

5.1.2.2　管理需求

1. 安全管理制度需求

安全策略和管理制度涉及安全方针、总体安全策略、安全管理制度、审批流程管理和安全检查管理等方面。其安全需求如下：

（1）需要制定信息安全工作的总体方针、政策性文件和安全策略等，说明机构安全工作的总体目标、范围、方针、原则、责任等。

（2）需要建立安全管理制度，对管理活动进行制度化管理，制定相应的制定和发布制度。

（3）需要对安全管理制度进行评审和修订，不断完善、健全安全制度。

（4）需要建立相应的审批部门，进行相关工作的审批和授权。

（5）需要建立协调机制，就信息安全相关的业务进行协调处理。

（6）需要建立审核和检查部门，安全人员定期进行全面的安全检查。

（7）需要建立恰当的联络渠道，进行沟通和合作，保证事件的有效处理。

（8）需要建立审核和检查的制度，对安全策略的正确性和安全措施的合理性进行审核和检查。

（9）需要建立备案管理制度，对系统的定级进行备案。

（10）需要建立产品采购、系统测试和验收制度，确保安全产品的可信度和产品质量。

2. 安全人员管理需求

安全人员管理需求，涉及人员的岗位设置、职责分工、人员管理等方面，其安全需求如下：

（1）需要对人员的录用进行必要的管理，确保人员录用的安全。

（2）需要对人员离岗进行有效的管理，确保人员离岗不会带来安全问题。

（3）需要对人员考核进行严格的管理，提高人员安全技能和安全意识。

（4）需要对人员进行安全意识的教育和培训，提高人员的安全意识。

（5）需要对外部人员进行严格控制，确保外部人员访问受控区域或接入网络时可控可管，并签署保密协议。

3. 安全建设管理需求

安全建设管理涉及定级备案管理、安全方案设计、产品采购和使用、软件开发管理、安全集成建设、测试验收交付、等级测评以及服务商选择等方面。其安全需求如下：

（1）需要建立备案管理制度，对系统的定级进行备案。

（2）需要具有总体安全方案设计、方案评审的流程和管理能力。

（3）产品采购符合国家有关规定，密码算法和密钥的使用需符合国家密码管理的规定。

（4）需要有专人对工程实施过程进行管理，依据工程实施方案确保安全功能的落地，实施过程需要有第三方工程监理来共同控制实施质量。

（5）需要制定软件开发的相关制度和代码编写规范，并对源代码的安全性进行检测。

（6）需要建立产品采购、系统测试和验收制度，确保安全产品的可信度和产品质量。

（7）需要与符合国家的有关规定的服务供应商签订协议。

（8）需要定期组织开展等级测评并及时整改。

（9）需要在工程实施过程中做好文档管理工作，并在系统交付时提供完整的资料交付清单，对运维人员进行技能培训。

4. 安全运维管理需求

安全运维管理涉及机房运行管理、资产管理、系统安全运行维护管理等方面。其安全需求如下：

（1）需要保证机房具有良好的运行环境。

（2）需要对信息资产进行分类标识、分级管理。

（3）需要对各种软硬件设备的选型、采购、使用和保管等过程进行控制。

（4）需要各种网络设备、服务器正确使用和维护。

（5）需要对网络、操作系统、数据库系统和应用系统进行安全管理。

（6）需要定期地对通信线路进行检查和维护。

（7）需要硬件设备、存储介质存放环境安全，对其使用进行控制和保护。

（8）需要对支撑设施、硬件设备、存储介质进行日常维护和管理。

（9）需要对系统使用手册、维护指南等工具文档进行管理。

（10）需要在事件发生后能采取积极、有效的应急策略和措施，制定系统安全运维管理制度，指导系统日常安全运维管理、应急响应管理和外包运维管理活动。

5.1.3　系统面临的安全风险

安吉赋石水库灌区系统面临的安全风险分为物理层安全风险、网络层安全风险、系统层安全风险、应用层安全风险和管理安全风险。

5.1.3.1　物理层安全风险

网络的物理安全是整个网络系统安全的前提。物理安全的风险主要有地震、水灾、火灾等环境事故，电源故障，人为操作失误或错误，设备被盗、被毁，电磁干扰，线路截获。

5.1.3.2　网络层安全风险

网络结构的安全涉及网络拓扑结构、网络路由状况及网络的环境等，除此之外还包括网络设备，如交换机、路由器本身是否存在安全隐患或错误的配置。

5.1.3.3　系统层安全风险

系统的安全是指整个网络操作系统、网络硬件平台、数据库系统是否可靠且值得信任。

5.1.3.4　应用层安全风险

应用系统的安全跟具体的应用息息相关，它涉及很多方面。应用系统的安全是动态的、不断变化的。应用的安全性也涉及信息的安全性，它包括很多方面，如应用广泛的 WWW 服务、DNS 服务等。

5.1.3.5　管理安全风险

管理是网络安全中最最重要的部分。责权不明、管理混乱、安全管理制度不健全及缺乏可操作性等都可能引起管理安全的风险。建立全新网络安全机制，必须深刻理解网络并能提供直接的解决方案，因此，最可行的做法是管理制度和管理解决方案的结合。

5.1.4　信息系统等保定级

根据《信息安全技术网络安全等级保护基本要求》（GB/T 22239—2019）、国家涉密信息系统分级保护的相关要求及《水利网络与信息安全体系建设基本技术要求》、《水利网络安全顶层设计》、《水利网络安全事件应急预案》、《浙江省网络与信息安全应急预案》和《浙江省水管理平台统一安全建设指南（试行）》等相关文件要求，开展安吉县赋石水库中型灌区续建配套与节水改造信息化系统网络安全保障体系建设，同步开展安全二级等级保护测评等工作，构建多层次、立体化的安全纵深防御体系，确保平台网络安全、物理安全、数据安全和应用安全。

根据不同业务系统的重要程度，结合系统面临的风险等因素，确定相应的网络安全等级，并依照安全等级对业务系统进行评测整改。

5.1.5　信息安全评估与检测

根据《网络安全等级保护基本要求》，通过定级、备案、整改、测评、检查等流程，对包括安吉县赋石渠道管理所现有业务系统及安吉县赋石水库中型灌区续建配套与节水改造信息化系统新建的业务系统进行评测整改，使其符合等保二级要求。

5.1.5.1 建设说明

本方案是根据《信息安全技术网络安全等级保护基本要求第二级安全要求》，参照《信息安全技术　网络安全等级保护设计技术要求通用设计要求》具体内容，针对第二级系统而提出的安全保护等级设计方案。

5.1.5.2 建设原则

1. 分区分域防护原则

任何安全措施都不是绝对安全可靠的，为保障攻破一层或一类保护的攻击行为而不会破坏整个信息系统，以达到纵深防御的安全目标，需要合理划分安全域，综合采用多种有效安全保护措施，实施多层、多重保护。

2. 均衡性保护原则

对任何类型网络，绝对安全难以达到，也不一定是必需的，需正确处理安全需求、安全风险与安全保护代价的关系。因此，结合适度防护实现分等级安全保护，做到安全性与可用性平衡，达到技术上可实现、经济上可执行。

3. 技术与管理相结合原则

信息安全涉及人、技术、操作等方面要素，单靠技术或管理都不可能实现。因此在考虑信息安全时，必须将各种安全技术与运行管理机制、人员思想教育、技术培训、安全规章制度建设相结合。

4. 动态调整与可扩展原则

由于网络安全需求会不断变化，以及环境、条件、时间的限制，安全防护一步到位、一劳永逸地解决信息安全问题是不现实的。信息安全保障建设可先保证基本的、必需的安全保护，后续再根据应用和网络安全技术的发展，不断调整安全策略，加强安全防护力度，以适应新的网络安全环境、满足新的信息安全需求。

5. 网络安全三同步原则

信息系统在新建、改建、扩建时应当同步建设信息安全设施，确保其具有支持业务稳定、持续运行性能的同时，保证安全技术措施同步规划、同步建设、同步使用，以保障信息安全与信息化建设相适应。

5.1.5.3 建设思路

本信息化网络安全系统在符合国家信息安全等级保护制度第二级以及国家商用国产密码要求的基础上，采用分区分层进行系统设计。办公管理层与控制层采用物理隔离设备网闸进行业务隔离，整个系统与外网采用防火墙和入侵侦测设备进行保护。

1. 分区

考虑系统涉及的业务应用包括闸门监控、水量调度、工程管理、综合会商、办公自动化系统等各个方面。为了保障信息安全，在横向结构上分为生产管理区（控制区）、办公信息区（管理区）和外网。在控制区通过设置 VLAN，用于支撑闸门监控、水情监测、流量监测、工程安全监测、水量调度、视频监视等不同业务；管理区支撑调度中心和各管理站的办公自动化业务和对外信息发布的门户。

2. 分层

考虑到调度中心、管理站及现地层设备在水量调度、计算机控制、工程管理、工程运行等方面各自不同的应用需求，系统在纵向结构上分为 3 层。第一层为办公管理层，部署防火墙监控、办公自动化、工程管理系统、会商支持等功能。第二层为调度中心层，部署网闸、控制中心大屏、服务器等相关业务。第三层为现地层，布设闸（阀）站现地监控、水情监测、水质监测、工程安全监测、视频监视、动环监控等现地自动化系统。

因此，本系统的安全在要重点是做好以下几方面的工作：

（1）解决系统安全可靠的信息传输问题，其中，安全指保密性、完整性、抗否认性等，防止信息的泄密、丢失和被篡改；可靠指容灾备份及保证系统通信网络的健壮性等。

（2）解决系统在应用范围内的身份鉴别问题。其中包括移动用户接入的身份鉴别，以保证用户能够随时随地安全可靠地接入。

（3）解决系统在应用范围内的信息资源管理、信息分类访问控制和分组共享（即什么人可以访问什么信息和哪些人可以共享哪些信息）问题，实现全系统的访问控制。

（4）解决信息系统敏感数据的加密问题，特别是重要信息的多级安全保护，采用各种安全审计手段，解决关键操作的抗抵赖问题。

（5）解决内外系统间的入侵检测、信息过滤（防止有害信息的传播）、网络隔离问题。

（6）解决内部或外部黑客针对网络基础设施、主机系统和应用服务的各种攻击所造成的网络或系统不可用、信息泄密、数据篡改所带来的问题。

（7）解决数据的备份和系统的病毒防范等问题。

（8）解决系统安全运行的管理问题，包括内网与外网之间的有效隔离，确保网络上的信息资源和机密不外泄；确保内部网间能防止非授权的访问，各子网间能有效的隔离；对非安全网络的链路，能加密传输，能确保机密信息的安全传输。

（9）解决系统与其他政府部门（如气象局、国土资源部等）的信息交流可能带来的安全问题。

5.1.5.4　安全区域框架

等级保护安全防护框架由技术体系与管理体系两部分组成，其中安全管理体系包括安全管理制度、安全管理机构、安全管理人员、安全建设管理和安全运维管理五部分。建立以计算环境安全为基础，以区域边界安全、通信网络安全为保障，以安全管理中心为核心的信息安全整体保障体系。安全框架如图 5.1 所示。

5.1.6　信息安全等级保护体系建设

5.1.6.1　物理环境安全建设

依据《网络安全等级保护基本要求》中的"安全物理环境"要求，同时参照《信息系统物理安全技术要求》（GB/T 21052—2007），对等级保护对象所涉及的主机房、辅助机房和异地备份机房等进行物理安全设计，设计内容包括物理位置选择、物理访问控制、防盗窃和防破坏、防雷击、防火、防水和防潮、防静电、温湿度控制、电力供应及电磁防护等方面。

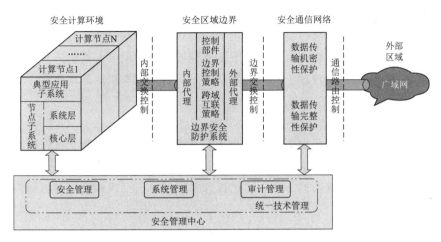

图 5.1　安全框架图

1. 物理位置选择

机房场地选择在具有防震、防风和防雨等能力的建筑内，机房和办公场地所在建筑物具有建筑物抗震设计；机房场地避免设在建筑物的顶层或地下室，受条件限制必须将机房场地设置在建筑物的顶层或地下室时，必须加强防水和防潮措施。除以上选址因素外，还建议考虑以下因素：

（1）应避开易发生火灾危险程度高的区域。

（2）应避开有害气体来源以及存放腐蚀、易燃、易爆物品的地方。

（3）应避开强振动源和强噪声源。

（4）应避开强电磁场的干扰。

（5）当上面各条款无法满足时，应采取相应措施。

2. 物理访问控制（门禁）

机房应设置单独出入口，出入口配置电子门禁系统，并对进入的人员进行控制、鉴别和记录，而不仅仅是简单地通过门禁限制人员的出入，必须有身份鉴别系统，通过授权管理，只有通过身份认证的合法人员方可进出门禁控制区域，要从物理访问上加强对机房的管理。

3. 防盗窃和防破坏

将等级保护对象中的信息设备或主要部件安装在机房机架中，使用导轨、机柜螺丝等方式进行固定，并在设备的明显位置粘贴固定签进行标记；将通信线缆铺设在隐蔽处，不随意放置，从而降低被盗窃和被破坏的风险，譬如在机房内可铺设在地下或管道中，在机房外可铺设在竖井、桥架中。

4. 防雷击

各类机柜、设施和设备等通过接地系统安全接地，接地设置专用地线或交流地线，对于交流供电的系统设备的电源线，应使用三芯电源线，其中地线应与设备的保护接地端连接牢固；机房内采取防止感应雷措施，例如配电柜中安装防雷保安器或过压保护装置等，机房内所有的设备和部件应安装在设有防雷保护的范围内。

5. 防火

机房内配备火灾自动消防系统，能够自动检测火情、自动报警，并自动灭火，同时设有备用电源启动装置，保障在停电的状态下依然能够正常使用灭火系统进行灭火；机房及相关的工作房间和辅助房土建施工和内部装修采用具有耐火等级的建筑材料，且耐火等级不低于相关规定的耐火等级。

6. 防水和防潮

机房窗户、屋顶和墙壁采取防潮措施防止雨水渗透，采取措施防止机房内水蒸气结露和地下积水的转移与渗透。机房中最可能出现漏水的地方是空调冷凝水渗透，空调冷凝水渗水可采取安装冷凝水排放箱的方式，通过提升泵提升后引至大楼同层卫生间排水口，通过温差结露渗水。

7. 防静电

机房内安装防静电地板或地面，安装防静电地面可用导电橡胶与建筑物地面粘牢，防静电地面的体积电阻率均匀，并采用必要的接地防静电措施。

8. 温湿度控制

机房内配备温度、湿度自动调节设施（空调系统），保证机房各个区域的温度、湿度变化的变化在设备运行、人员活动和其他辅助设备运行所允许的范围之内。对设备布置密度大、设备发热量大的主机房宜采用活动地板下送上回方式，空调系统无备份设备时，单台空调制冷设备的制冷能力应留有 15％～20％的余量，机房环境温度建议保持在 20～25℃，环境湿度建议保持在 40％～55％。

温湿度控制亦可部署专业的温湿度传感器，对机房内重要区域/机柜内部的温度、湿度进行实时监测，温湿度传感器采集机房内的温度、湿度信息，实时显示温度、湿度变化情况。支持采集当前环境温度，通过温度的变化可以联动空调设备进行环境改善，同时也可以通过上层平台进行物联策略设置，智能化调节室内温度。支持采集环境湿度，通过湿度的变化可以联动加湿器、除湿器等设备进行环境改善，同时也可以通过上层平台进行物联策略设置，智能化调节室内湿度。

9. 电力供应

机房建立独立配电系统，供电线路上配备稳压器和过电压防护设备，保证机房供电电源质量符合相关规定要求；机房内建立 UPS 不间断供电系统，为机房内信息设备备用电力供应，保障信息设备在公用电网供电中断情况下关键业务服务的持续性。

10. 电磁防护

机房内部综合布线的配置应满足实际的需求，电源线应尽可能远离通信线缆，避免并排铺设，当不能避免时，应采取相应的屏蔽措施，避免互相干扰。

5.1.6.2　通信网络安全防护建设

依据等级保护要求第二级中网络和通信安全相关安全控制项，结合安全通信网络对通信安全审计、通信数据完整性/保密性传输、远程安全接入防护等安全设计要求，安全通信网络防护建设主要通过通信网络安全传输、通信网络安全接入，及通信网络安全审计等机制实现。

1. 网络架构

网络层架构设计应重点关注以下方面：①划分不同的子网，按照方便管理和控制的原则为各子网、网段分配地址段；②避免将重要网络区域部署在网络边界处且没有边界防护措施。

2. 通信传输

通信安全传输要求能够满足业务处理安全保密和完整性需求，避免因传输通道被窃听、篡改而引起的数据泄露或传输异常等问题。

3. 可信验证

可基于可信根对通信设备的系统引导程序、系统程序、重要配置参数和通信应用程序等进行可信验证，在检测到其可信性受到破坏后进行报警，并将验证结果形成审计记录送至安全管理中心。

5.1.6.3 安全区域边界防护建设

依据等级保护要求第二级中网络和通信安全相关控制项，结合安全区域边界对于区域边界访问控制、区域边界包过滤、区域边界安全审计、区域边界完整性保护等安全设计要求，安全区域边界防护建设主要通过网络架构设计、安全区域划分，基于地址、协议、服务端口的访问控制策略；通过安全准入控制、终端安全管理、流量均衡控制、恶意代码防护、入侵监测/入侵防御、无线安全管理，以及安全审计管理等安全机制来实现区域边界的综合安全防护。具体如下：

1. 边界防护

网络划分安全区域后，在不同信任级别的安全区域之间形成了网络边界。目前存在着互联网、跨边界的攻击种类繁多，破坏力也比较强。要在划分的不同域之间部署相应的边界防护设备进行防护。

通过部署边界防护设备保证跨越边界的访问和数据流通过边界设备提供的受控接口进行通信。

2. 访问控制

依据等级保护要求第二级中网络和通信安全相关安全要求，区域边界访问控制防护需要通过在网络区域边界部署专业的访问控制设备（如下一代防火墙、统一威胁网关等），并配置细颗粒度的基于地址、协议和端口级的访问控制策略，实现对区域边界信息内容的过滤和访问控制。

3. 入侵防范

区域边界网络入侵防护主要在网络区域边界/重要节点检测和阻止针对内部的恶意攻击和探测，诸如对网络蠕虫、间谍软件、木马软件、溢出攻击、数据库攻击、高级威胁攻击、暴力破解等多种深层攻击行为，进行及时检测、阻止和报警。

4. 防火墙系统

在系统的互联网接入链路与核心交换机之间、数据中心与核心交换机之间分别串联部署下一代防火墙，实现内外网安全隔离和内部不同网络区域之间的安全隔离。通过设置相应的网络地址转换策略和端口控制策略，避免将重要网络区域直接暴露在互联网上及与其他网络区域直接连通。

5. 安全审计

区域边界安全审计需要对区域网络边界、重要网络节点进行用户行为和重要安全事件进行安全审计，并统一上传到安全审计管理中心。

同时，审计记录产生时的时间应由系统范围内唯一确定的时钟产生（如部署 NTP 服务器），以确保审计分析的正确性。

6. 无线网络安全管理

无线网络安全管理主要用于限制和管理无线网络的使用，确保无线终端通过无线边界防护设备认证和授权后方能接入网络。无线网络安全管理通常包括无线接入、无线认证、无线防火墙、无线入侵防御、无线加密、无线定位等技术措施。

5.1.6.4　安全计算环境防护建设

依据等级保护要求第二级中设备和计算安全、应用和数据安全等相关安全控制项，结合安全计算环境对于用户身份鉴别、自主与标记访问控制、系统安全审计、恶意代码防护、安全接入连接、安全配置检查等技术设计要求，安全计算环境防护建设主要通过安全通信传输入侵监测/入侵防御、漏洞扫描网络管理监控、安全配置核查、安全审计，重要节点设备冗余备份，以及系统和应用自身安全控制等多种安全机制实现。

1. 安全审计

启用安全审计功能，审计覆盖每个用户，对重要的用户行为和重要安全事件进行审计；审计记录应包括事件的日期和时间、用户、事件类型、事件是否成功及其他与审计相关的信息；应对审计记录进行保护，定期备份，避免受到未预期的删除、修改或覆盖等。如部署日志审计系统，通过日志审计系统收集操作系统、网络设备、中间件、数据库和安全设备运行和操作日志，集中管理，关联分析。

2. 入侵防范

网络入侵监测/入侵防御主要用于检测和阻止针对内部计算环境中的恶意攻击和探测，诸如对网络蠕虫、间谍软件、木马软件、数据库攻击、高级威胁攻击、暴力破解、SQL 注入、XSS、缓冲区溢出、欺骗劫持等多种深层攻击行为进行深入检测和主动阻断，以及对网络资源滥用行为（如 P2P 上传/下载、网络游戏、视频/音频、网络炒股）、网络流量异常等行为进行及时检测和报警。

3. 恶意代码防范

恶意代码是指以危害信息安全等不良意图为目的的程序或代码。它通常潜伏在受害计算机系统中伺机实施破坏或窃取信息，是安全计算环境中的重大安全隐患。其主要危害包括攻击系统，造成系统瘫痪或操作异常；窃取和泄露文件、配置或隐私信息；肆意占用资源，影响系统、应用或系统平台的性能。恶意代码防护能够具备查杀各类病毒、木马或恶意软件的服务能力，包括文件病毒、宏病毒、脚本病毒、蠕虫、木马、恶意软件、灰色软件等，部署防病毒网关和杀毒软件，需及时更新病毒库。

4. 可信验证

基于可信根对计算设备的系统引导程序、系统程序、重要配置参数和应用程序等进行可信验证，并在检测到其可信性受到破坏后进行报警，并将验证结果形成审计记录送至安全管理中心。

5. 数据完整性

数据完整性指传输和存储的数据没有被非法修改或删除，也就是表示数据处于未受损、未丢失的状态，它通常表明数据在准确性和可靠性上是可信赖的。其安全需求与数据所处的位置、类型、数量和价值有关，涉及访问控制、消息认证和数字签名等安全机制，具体安全措施包括防止对未授权数据进行修改、检测对未授权数据的修改情况并记入日志、与源认证机制相结合以及与数据所处网络协议层的相关要求相结合等。

6. 数据备份恢复

数据备份恢复作为网络安全的一个重要内容，其重要性却往往容易被忽视。日常使用中，只要发生数据传输、存储和交换，就有可能产生数据故障，如果没有采取数据备份和灾难恢复的手段与措施，就会导致数据丢失并有可能造成无法弥补的损失。因为一旦发生数据故障，组织就会陷入困境，数据可能被损坏而无法识别，而允许恢复时间可能只有短短几天或更少。如果系统无法顺利恢复，最终可能会导致无法想象的后果。因此组织的信息化程度越高，数据备份和恢复的措施就越重要。

7. 安全配置核查

在 IT 系统中，由于服务和软件的不正确部署和配置会造成安全配置漏洞，入侵者会利用这些安装时默认设置的安全配置漏洞进行操作从而造成威胁。特别是在当前网络环境中，无论是网络运营者，还是网络使用者，均面临着越来越复杂的系统平台、种类繁多的重要应用系统、数据库系统、中间件系统，很容易发生管理人员的配置操作失误造成极大的影响。由此，通过自动化的安全配置核查服务能够及时发现各类关键资产的不合理策略配置、进程服务信息和环境参数等，以便及时修复。

8. 安全审计管理

在安全计算环境防护中，安全审计管理包括对各类用户的操作行为审计，以及网络中重要安全事件的记录审计等内容，且审计记录应包括事件的日期和时间、用户、事件类型、事件是否成功及其他与审计相关的信息。因此，此类安全审计通常包括日常运维安全审计、数据库访问审计、Web 业务访问审计，以及对所有设备、系统的综合日志审计。

同时，审计记录产生时的时间应由系统范围内唯一确定的时钟产生（如部署 NTP 服务器），以确保审计分析的正确性。

5.1.6.5　安全管理中心设计

依据等级保护要求第二级中网络和通信安全相关安全控制项，结合安全管理中心对系统管理、审计管理、安全管理和集中管控的设计要求，安全管理中心建设主要通过网络管理系统、综合安全管理平台等机制实现。

1. 系统管理

系统管理主要是对等级保护对象系统运行维护工作。为了保障等级保护对象信息系统网络和数据不被入侵和破坏，对系统进行维护时需使用加密传输，例如使用 SSH 登录，禁止 Telnet 明文传输；为了加强系统管理过程中的安全性，建议部署安全运维审计系统，通过运维审计系统对网络和服务器资源的直接访问进行管控和审计。在对等级保护对象日常维护时，切断运维终端对目标资源的直接访问，必须经过运维审计系统，对资源的访问进行记录和审计。

可通过在运维管理域中部署运维审计系统，将重要信息系统资产的地址均纳入到运维管理系统的管理范围，通过运维审计系统使用系统管理员账号对系统的资源和运行进行配置、控制和管理，包括用户身份管理、系统资源配置、系统加载和启动、系统运行的异常处理以及支持管理本地和异地灾难备份与恢复等。

2. 审计管理

审计管理主要负责对系统的审计数据进行记录、查询、统计、分析，实现对系统用户行为的监测和报警功能，能够对发现的安全事件或违反安全策略的行为及时告警并采取必要的应对措施。

审计管理的范围包括对人员操作、网络设备、安全设备、主机、操作系统、中间件、数据库等网络和系统资源进行综合审计管理。

可通过在运维管理域中部署网络安全审计、日志审计和数据库审计等相关审计设备开展安全事件分析和安全审计工作，并在审计设备上设置独立的审计管理员角色，由信息部门相关技术人员担任，根据审计工作内容为审计管理员分配审计权限。通过审计管理员对分布在系统各个组成部分的安全审计机制进行集中管理，审计管理员主要负责对审计日志进行分类、查询和分析，并根据审计结果对安全事件进行处理，在事件处理完成后提供安全事件审计报告。信息部门应在安全策略里明确安全审计策略，明确安全审计的目的、审计周期、审计账号、审计范围、审计记录的查询、审计结果的报告等相关内容，并按照安全审计策略对审计记录进行存储、管理和查询。

5.1.7　国产商用密码应用

5.1.7.1　设计依据

该项目密码应用需遵守《信息安全技术信息系统密码应用基本要求》（GB/T 39786—2021），所采用的密码技术、算法、产品需符合法律、法规的规定和密码相关国家标准、行业标准的有关要求。

密码算法：信息系统中使用的密码算法应当符合法律、法规的规定和密码相关国家标准、行业标准的有关要求。

密码技术：信息系统中使用的密码技术应遵循密码相关国家标准和行业标准。

密码产品：信息系统中使用的密码产品与密码模块应通过国家密码管理部门核准。

密码服务：信息系统中使用的密码服务应通过国家密码管理部门许可。

密码是保障网络与信息安全的核心技术和基础支撑，是解决网络与信息安全问题最有效、最可靠、最经济的手段。《中华人民共和国密码法》的颁布实施，从法律层面为开展商用密码应用提供了根本遵循，《国家政务信息化项目建设管理办法》的颁布实施，进一步促进了商用密码的全面应用。

依据《信息系统密码应用基本要求》（GM/T 0054—2018），从物理和环境安全、网络和通全、设备和计算安全、应用和数据安全等 4 个层面，以及密钥管理、安全管理等方面，设计了该系统密码应用的技术方案、安全管理方案。

5.1.7.2　密码服务保障框架

综合信息管理平台客户端密码服务保障框架如图 5.2 所示。

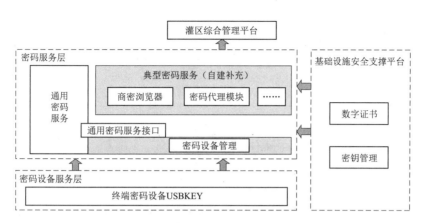

图 5.2　综合信息管理平台客户端密码服务保障框架图

1．密码设备服务层

密码设备服务层由主要终端密码设备（USBKEY）构成。采用数字证书＋ USBKEY 与服务端双向认证，该项目采用 USBKEY 的形式。

2．密码服务层

密码服务层分为通用密码服务、典型密码服务两部分，都是基于密码设备服务层提供的密码运算能力。

通用密码服务主要由终端密码设备直接提供相关接口和服务构成。典型密码服务包括解决商密 SSL 安全链路的安全代理模块或安全浏览器等。

3．基础设施安全支撑平台

基础设施安全支撑平台，为通用密码服务、典型密码服务提供支撑，包括数字证书、密钥管理等。

4．应用系统

应用系统客户端的商密应用改造，是通过直接调用密码服务层的通用密码服务、典型密码服务相关接口来完成，而不是直接调用密码设备服务层或基础设施安全支撑平台。该信息化项目为 B/S 应用，客户端通过调用商密代理模块，实现商密 SSL 安全链路。

5.1.7.3　密码应用总体框架

密码应用总体框架如图 5.3 所示。

5.1.7.4　密码技术方案

1．物理和环境安全设计

该项目部署于内部机房，本项目建设提供电子门禁系统的身份鉴别、视频监控系统的建设。数据的真实性需采用密码技术对门禁系统出入记录、监控视频音像记录进行完整性防护。

采购具有国家密码管理局认证的商密视频监控产品及商密电子门禁系统完成项目建设，符合《信息安全技术信息系统密码应用基本要求》（GB/T 39786—2021）的要求。

2．网络和通信安全设计

该项目中各子系统数据共享交换标准参照国家及省政务信息资源共享与交换标准执

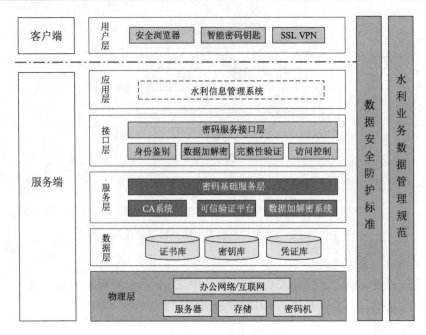

图 5.3 密码应用总体框架图

行，为保障平台中各子系统在交互过程中大量政务敏感信息的机密性保护和完整性保护，在本项目中需补充基于商密 SSL 的安全链路，依托商密改造即将提供的 SSL 代理类密码机、SSL 网关代理服务端，通过补充商密接口库以及实现商密接口库与应用的对接，从网络和通信通道上实现数据传输的机密性、完整性保护。

本项目采用的是安全套接层（SSL）协议，协议位于 TCP/IP 与各应用层协议之间，为数据通信提供安全支持。为保证数据在通信信道传输的自主安全性，在此基础上采用基于合规性密码算法 SM2/SM3/SM4 的 SSL 协议，首先使用非对称加密算法 ECC_SM2 对对称加密的密钥进行加密，链路建立好之后，再使用对称加密算法 SM4_128_CBC 对传输内容进行对称加密，同时使用 HMAC_SM3 进行身份验证，最终建立一个安全的数据通信信道。

SSL 加密通道如图 5.4 所示。

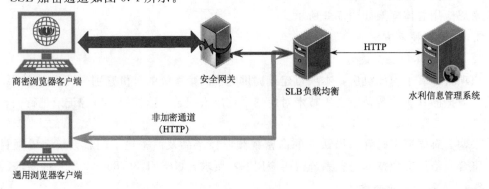

图 5.4 SSL 安全链路加密过程示意图

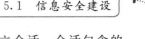

　　SSL 通过握手过程在客户端和服务器之间协商会话参数，并建立会话。会话包含的主要参数有会话 ID、对方的证书、加密套件（密钥交换算法、数据加密算法和 MAC 算法等）以及主密钥。通过 SSL 会话传输的数据，都将采用该会话的主密钥和加密套件进行加密、计算 MAC 等处理。

　　（1）商密安全浏览器。本项目通过部署的密码机、SSL 代理类虚拟密码资源，以及应用系统调用客户端的密码应用代理模块（安全浏览器），支持 SM2/SM3/SM4 等合规性算法，实现 SSL 安全链接。安全浏览器特点如下：①安全浏览器支持合规性密码算法，支持我国网络自主信任体系；②支持我国关于密码的相关规范；③安全浏览器基于 SM2、SM3、SM4 算法及系列国家密码标准；④实现 SM2 算法 SSL 链接功能；⑤支持合规性算法证书，并原生支持国内各大 CA 根证书及相应证书链；⑥提供对 USBKEY 等多种形态身份认证设备、使用环境及相关控件的管理，打造安全省心的业务使用环境，保障重要业务系统的安全可靠。

　　主要功能如下：

　　1）浏览器基本功能：HTTP 协议解析、HTML 文档管理和页面渲染。

　　2）跨平台支持：适配 Windows、Mac OSX、Linux 等 PC 桌面操作系统。

　　3）适配 Android 移动操作系统。

　　4）插件管理：仅许可合法插件，安全高效。

　　5）自动白名单认证：常用插件，允许直接安装。

　　6）主动提交认证：未知插件，经提交后检测测试允许安装。

　　7）网址智能识别：支持安全联盟、沃通 CA、凭安信用等信用库。

　　（2）密码协议。本项目国家商用的密码应用改造直接涉及的密码协议主要有数据传输完整性保护中采用的 SSL 协议，实现基于合规性密码算法的 HTTPS 数据传输，采用满足国家密码管理局管理及合规性要求的 SM2/SM3/SM4 等算法。

　　3. 设备和计算安全设计

　　该项目部署的主机设备需支持身份鉴别技术，包含：采用用户名/密码进行身份鉴别，身份标识具有唯一性，身份鉴别信息具有复杂度要求、定期变换。

　　采用密码技术的机密性服务来实现鉴别信息的防窃听；确保系统资源访问控制信息、重要信息资源敏感标记、日志记录的完整性；采用可信计算技术建立从系统到应用的信任链，实现系统运行过程中重要程序或文件完整性保护。

　　4. 应用和数据安全设计

　　（1）用户身份识别和鉴别。为了提高用户登录综合管理平台的安全性，需建设统一认证平台，采用增加数字证书＋Ukey 认证登录实现身份鉴别。Ukey 登录流程如图 5.5 所示。

　　（2）访问控制信息的完整性保护。访问控制信息的完整性防护手段及采用的密码技术如同重要数据防护一致，采用"数据加解密服务系统""数据真实性验证服务系统"对关键数据进行机密性和完整性防护。

　　（3）传输的机密性和完整性保护。数据传输安全防护，采用经国家密码管理局所认可并具有商密型号证书的"安全浏览器"或"安全代理模块"，通过安全浏览器与 SPS 网关

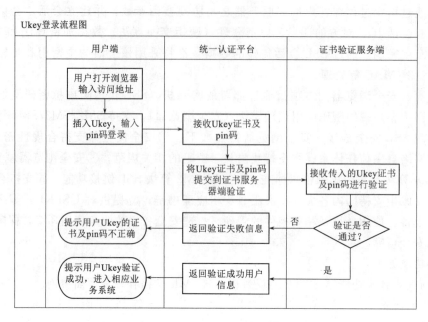

图 5.5 Ukey 登录流程图

的配合，构建商密 SSL 安全链路确保数据在传输过程中的安全性及机密性。

（4）重要数据存储的机密性保护。该项目无论是 PC 端或者 APP 端同时访问同一个数据库、同一套应用系统，只是提供两种使用方式而已。因此，两者所填报、采集的结构化数据、非结构化数据存储的位置一致。数据机密性防护流程如图 5.6 所示。

（5）重要数据存储的完整性保护。该项目所填报、采集的结构化数据、非结构化数据存储的位置一致。数据完整性防护流程如图 5.7 所示。

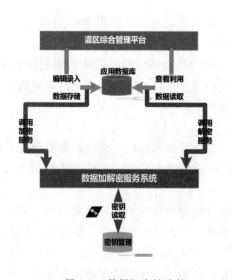

图 5.6 数据机密性防护

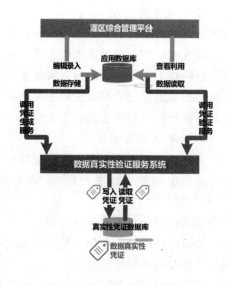

图 5.7 数据完整性防护

（6）系统日志的完整性保护。该项目日志信息只要包含：用户操作日志、访问日志、操作时间、操作人员、操作内容等关键信息。

防护手段及采用的密码技术如同重要数据防护一致，采用"数据加解密服务系统""数据真实性验证服务系统"对关键数据进行机密性和完整性防护。

5.1.8　密钥管理设计

5.1.8.1　密钥生成与分类

密钥生成使用的随机效应符合 GB/T 39786 要求，密钥应在符合 GM/T 0028 的密码模块中产生。本项目的密码子系统密钥统一由密码服务资源生成及存储。

系统所使用的密钥根据其性质可分为如下几类：

系统主密钥（MK-S）：MK-S 保存在加密机中，为对称密钥。主密钥主要用来保护 KEK 在数据库的加密存储。

应用系统主密钥（MK-APP）：MK-APP 也保存在加密机中，注册时分配非对称密钥号，为非对称密钥。用来为业务系统的 KEK 加解密保护。

密钥加密密钥（KEK）：KEK 主要用来保护 DEK 在数据库的加密存储。

数据加密密钥（DEK）：DEK 主要用来对数据进行加解密。

5.1.8.2　密钥管理员的角色规划

密钥维护员：负责备份与恢复、数据备份策略配置。

密钥审计员：审计管理、审计日志、日志策略配置。

密钥管理员：负责系统配置管理、密钥归档管理、配置数据库信息、客户接入管理、客户状态管理。

5.1.8.3　密钥安全存储

主密钥（MK-S）、密钥加密密钥（KEK）由密码机成存储管理，数据加密密钥（DEK）通过密钥加密密钥加密后存放在"数据加解密服务系统"密钥管理中心中。

5.1.8.4　密钥备份与恢复

密钥的备份和恢复在密钥生命周期中具有重要意义。对各种密钥进行备份是必须要做的密钥管理工作。密钥管理系统必须提供密钥的备份/恢复操作手段。在系统密钥丢失或者系统受到损坏时才能使系统恢复原状，重新回到可以正常运转的状态。在密钥发生变化或者增加密钥时必须对密钥进行备份操作。

密钥归档分为两部分：主密钥（MK-S）、业务系统主密钥（MK-APP）。密钥加密密钥（KEK）存储在密码资源的硬件密码设备中，因此由密码机负责备份；数据加密密钥（DEK）由"数据加解密系统"负责归档。

5.1.8.5　密钥的归档

历史密钥、被注销密钥的数据加密密钥由数据加解密服务系统进行归档。

5.1.8.6　密钥的销毁

密钥生成后或在系统更新、密钥组件存储方式改变等情况时，不再使用的密钥组件（包括以 USBKEY 存储的介质）或相关信息的资料均及时销毁。

作废或被损坏的密钥在双人控制下安全销毁，保证无法被恢复，销毁过程由专人监控和记录。

5.2　应急预案设计

5.2.1　施工现场安全生产应预案

5.2.1.1　事故预防措施

1. 机械伤害事故

（1）按技术性能要求正确使用机械设备，随时检查安全装置是否失效。

（2）按操作规程进行机械操作。

（3）处在运行和运转中的机械严禁进行维修、保养或调整等作业。

（4）按时进行保养，发现有漏保、失修或超载带病运转等情况时停止其使用。

2. 火灾事故

（1）对作业区、办公区、生活区、食堂等进行经常性的安全防火检查。

（2）配置安装短路器和漏电保护装置。必要的场所安装带报警装置的漏电保护器。

（3）对作业区、仓库易燃区域配备消防设备、设施。

（4）严格控制明火作业和杜绝吸烟现象。

（5）定期对高大设备的防雷接地进行检查、检测。

（6）存放易燃气体、易燃物仓库内的电气装置采用防爆型装置。

3. 触电事故

（1）用电设备及用电装置按照国家有关规范进行设计、安装及使用。

（2）非电工人员严禁安装、接拆电气用电设备及用电装置。

（3）严格对不同的环境下的安全电压进行检查。

（4）带电体之间、带电体与地面之间、带电体与其他设施之间、工作人员与带电体之间必须保持足够的安全距离，进行隔离防护。

（5）在有触电危险的处所设置醒目的文字或图形标志。

（6）设备的金属外壳采用保护接地措施。

（7）供电系统正确采用接地系统，工作零线和保护零线区分开。

（8）漏电保护装置必定定期进行检查。

4. 易燃、易爆危险品引起火灾、爆炸事故

使用挥发性、易燃性等易燃、易爆危险品的现场不得使用明火或吸烟，同时应加强通风，使作业场所有害气体浓度降低。

5.2.1.2　信息报告与处置

事故发生后施工人员应第一时间向项目经理报告，报告的内容包括发生事故的时间、地点、性质、类型、受伤人员情况、事故损失情况、需要的急救措施及到达现场的路线方式；项目经理接到报告后立即启动应急预案，通知相关人员赶赴现场，实施救援。

5.2.1.3 应急响应

1. 雷击、触电事故处置

（1）受雷击后烧伤或严重休克的人，应立即让其躺下，扑灭身上的火，并对其进行抢救。若伤者虽失去意识，但仍有呼吸或心跳，则自行恢复的可能性很大，应让伤者舒适平卧，安静休息后，再送医院治疗。若伤者已停止呼吸或心脏跳动，应迅速对其进行人工呼吸和心脏按压，在送往医院的途中要继续进行心脏复苏的急救。

（2）一旦发生触电伤害事故，首先使触电者迅速脱离电源（方法是切断电源开关，用绝缘物体如扫帚、木椅等，将电源线从触电者身上剥离或将触电者剥离电源），切勿用手或金属物直接触碰伤者。其次将触电者移至空气流通好的地方，情况严重者，就地采用人工呼吸法和心脏按压法抢救，同时就近送医院。

（3）迅速向项目经理报告，项目经理接报后立即到达现场指挥工作，排除雷击引起的隐患，加固设施，并及时上报情况。

2. 火灾、爆炸事故处置

（1）一般情况发生火灾，立即报告站长，在保证自身安全的前提下，用灭火器进行自救灭火，防止火情扩大。

（2）自救灭火时，根据不同类型火灾，采取不同方法灭火。如电气设备起火，首先迅速切断电源，以免事态扩大，切断电源时应戴绝缘手套，使用有绝缘柄的工具。当火场离开关较远时需剪断电线时，火线和零线应分开错位剪断，以免在钳口处造成短路，并防止电源线掉在地上造成短路使人员触电。

（3）情况严重，立即组织站内其他人员向外疏散，并打"119"报警，讲清火险发生的地点、情况、报告人及单位等，并派人接应消防车，配合消防人员救援行动。

（4）项目经理接报后立即到达现场指挥工作，排除隐患，并及时上报情况。

5.2.2 施工现场防汛应急预案

为了预防和控制潜在的暴雨、洪汛等灾害，在发生洪涝灾害等紧急情况时赋石水库灌区信息化建设项目部能迅速得到有效的应急响应，最大限度地减少人员伤亡和财产损失，针对本项目制定的施工现场防汛应急预案如下。

5.2.2.1 应急响应组织机构与职责

工程应急领导小组是防洪防汛应急响应的最高指挥机构。应急情况时，指挥机构分工及职责如下：

（1）应急领导小组总指挥负责现场防洪、防汛应急响应的总体决策及指挥。

（2）应急领导小组副总指挥负责现场指挥与协调。

（3）应急领导小组下设防汛抢险队，负责组织力量，落实防汛器材，安排防汛值班，及时处理险情，抢救并转移受困人员、重要物资和资料，与应急领导小组保持联系，请求外界接应支援。

（4）各部门及相关方负责人负责本单位日常的防洪防汛宣传和检查落实工作，紧急情况时及时采取相应的应急措施，配合防洪防汛各项工作的开展。

（5）下班后发生的洪涝事故，由当日的值班人员紧急处理，并及时上报，按相应的程序进行处置。

5.2.2.2　应急设施配置和管理

（1）防汛器材配置。

1）施工现场配置足够数量防汛物资：沙袋、木桩。

2）防汛抢险通信器材：对讲机。

3）防洪抢险救生器材：救生衣。

4）排水机械（潜水泵、离心泵）。

（2）防汛器材的管理。

1）防汛物资由物资部及各施工单位物资管理部门负责储备与保管。

2）防汛抢险通信器材由综合部及各施工单位办公室负责提供。

3）安监部负责检查落实有关应急资源的准备情况。

4）报警方式采用电话报警和人工报警相结合的方法。

5.2.2.3　应急处置程序

（1）防洪、防汛阶段。

1）根据工程应急领导小组的统一安排，落实现场防汛人员与物资。

2）工程应急办公室组织成立防汛抢险队，安排专人进行防汛值班，做好防汛记录。

3）各单位、部门与工程应急领导小组保持联系，随时了解汛情，及时通报相关方。

4）防汛抢险队应根据汛情，积极采取有效措施预防险情。

（2）洪涝成灾阶段。

1）一旦出现险情，立即向工程应急领导小组电话报警，并安排接应。

2）防汛抢险队投入一切抢险力量，采取有效措施，尽可能根除或减小险情。

3）防汛领导小组及时通报临近相关方采取必要应急措施。

4）工程应急领导小组组织对险情周围地区进行隔离，安排有关单位转移人员、重要物资和资料等。

5）各单位（部门）对本单位（部门）的重要物资和资料指定专人负责管理，一旦接到疏散指令，及时进行转移。

5.2.3　运维期应急预案

应急预案是一种针对突发性事故的预案，是指系统或设备发生紧急事故，如突然断电、设备业务中断时，为迅速排除故障、恢复系统或设备的正常运行、尽量挽回或减少事故损失而进行的故障处理措施。

应急预案另外一个作用是在已知的大业务量即将到来之前，给设备维护人员提供应急指导，采取有针对性的预防措施，维持整个系统的正常运行，防止超大业务量导致的系统故障。

5.2.3.1　编制的目标

为提高安吉县赋石渠道管理所对机房与信息系统安全突发事件的应对能力，有效预防、及时控制和最大限度地消除各类信息系统突发事件的危害和影响，保障信息系统的实体安全、运行安全和数据安全，尤其是保障安吉县赋石水库中型灌区续建配套与节水改造信息化系统的安全稳定。

5.2.3.2 工作原则

(1)积极防御，综合防范。立足安全防护，加强预警，抓好预防、监控、应急处理、应急保障等环节，在管理、技术、人才等方面，采取各种措施，充分发挥各方作用，共同构筑安吉县赋石渠道管理所机房与信息系统安全保障体系。

(2)明确责任，分级负责。按照"谁主管谁负责，谁运维谁负责"的原则，分级分类建立和完善安全责任制度、协调管理机制和联动工作机制。

(3)科学决策，快速反应。加强技术储备，规范应急处置措施和操作流程，机房与信息系统安全突发事件发生时，要快速反应，及时获取准确信息，跟踪研判，及时报告，果断决策，迅速处理，最大限度地减少危害和影响。

5.2.3.3 目标范围

本预案适用于安吉县赋石渠道管理所机房与信息系统安全突发事件和可能导致机房与信息系统安全突发事件的应对工作。

1. 事件分类及分级

根据信息安全突发事件的性质、机理和发生过程，安吉县赋石渠道管理所机房与信息系统安全事件分为有害程序事件、网络攻击事件、信息破坏事件、信息内容安全事件、设备设施故障和灾害性事件等。

根据机房与信息安全突发事件的可控性、严重程度和影响范围，参照我国常见机房与信息系统安全事件分级标准，安吉县赋石渠道管理所机房与信息系统安全事件分为四级：1级（特别重大机房与信息系统安全事件）、2级（重大机房与信息系统安全事件）、3级（较大机房与信息系统安全事件）、4级（一般机房与信息系统安全事件），参见表5.1。

表5.1　　　　　　　机房与信息系统安全事件分级表

级别	严重程度	影响范围	控制情况
1级	特别重大	系统信息网络全部瘫痪	领导小组全程指挥，应急小组直接协调，各科室全力配合
2级	重大	严重影响系统信息网络或信息系统的正常运行	领导小组全程指挥，应急小组直接协调，各科室全力配合
3级	较大	某业务科室信息网络或关键应用系统瘫痪	应急小组负责协调、解决，同时上报领导小组；该业务科室配合
4级	一般	不影响信息网络的运行，只涉及单一的服务需求	应急小组负责协调、解决

2. 监控与预警信息报送

安吉县赋石渠道管理所工程科承担机房与信息系统安全监测工作。各相关业务处室发现机房与信息系统安全预警信息，应及时通知工程科。工程科进行初判，提出预警等级建议，遇到有可能造成严重后果的1~3级信息安全预警事件，还应按相关规定提报渠管所信息化工作领导小组审查后发出预警。

3. 预警响应

工程科工作人员应保持 24 小时通信畅通。接到预警信息后，应立即启动应急预案，进入预警状态，加强值班值守工作，做好应急处理各项准备工作。

4. 预警解除

1 至 3 级预警解除后根据工程科要求，经向渠管所信息化工作领导小组请示同意以后，及时进行解除安全事件预警。

5.2.3.4　应急职责与分工

安吉县赋石渠道管理所成立机房与信息系统安全应急领导小组（渠管所信息化工作领导小组）和应急工作小组（工程科）。

1. 应急领导小组组成

组长：书记、所长。

副组长：副所长 2 名。

成员：站长 2 名，科长 3 名，副站长 2 名。

2. 应急领导小组职责

研究制定安吉县赋石渠道管理所机房与信息系统安全应急处置工作规划、年度计划和政策措施，协调推进安吉县赋石渠道管理所机房与信息系统安全应急机制和工作体系建设。发生机房与信息系统安全突发事件时，启动本预案，组织应急处置。

3. 应急工作小组组成

组长：工程科长。

副组长：副科长 2 人。

成员：自行拟定。

4. 应急工作小组职责

（1）负责和处理应急领导小组的日常工作，检查督促应急领导小组决定事项的落实。

（2）研究和制订机房与信息系统安全应急处置的技术方案，检查、指导和督促各科室的机房与信息系统安全工作开展，并组织开展相关演练。

（3）建立渠管所网络信息监看制度。每天定期（不少于 2 次）监看审计系统和防火墙等，及时判断网络运行状态，监看是否发生攻击行为、是否存在病毒传播、网络设备是否正常等，每天做好监看记录，每周做好汇总和上报工作。

（4）及时收集机房与信息系统安全突出事件相关信息，分析重要信息并向应急领导小组提出处置建议。对可能演变的机房与信息系统安全突发事件，应及时向应急领导小组提出启动本预案的建议。

（5）渠管所实施 24 小时值班和零报告制度，并于每天 17：00 前把内网专网的安全情况报送应急小组值班室。

5.2.3.5　针对本项目的突发应急事件的处理预案

1. 机房环境类

安吉县赋石水库中型灌区续建配套与节水改造信息化系统中心机房布有环境集中监控系统，实时采集机房 UPS、空调、供配电、温湿度等现场信号，一旦发现此类环境异常事件，系统即自动执行预定的报警控制策略，启动短信和电话报警，通知科技人员及时赶到现场处理报警信息。在接到通知后，相关科技人员必须保持沉着冷静，及时按应急处置预案流程进行处理，尽量减少或避免造成损失。

（1）市电停电应急预案。

1）预案适用：市电停电。

2）预案等级：2～4级。

3）应急流程：

a. 通过OA发布或电话通知停电通告，要求用户在停电前停止业务、保存数据。

b. 停电后，UPS设备仅给安吉县赋石水库中型灌区续建配套与节水改造信息化系统中心机房的必要设备供电，值班人员需要检查这些必要设备的工作情况，如有故障，及时处理。

c. 如停电时间超出1小时，机房当班人员应立即通知设备管理人员，由设备管理人员做好启用发电机的准备，同时注意观察UPS指示灯，设备管理人员根据停电时间和UPS供电时间，及时启动发电设备，并加强对重要部位的检查、监控，发现异常情况时及时采取相应措施。

d. UPS供电不足时，第一时间启动发电机，等电压稳定后，手动开启发电机输出开关，然后把中心机房"市电—发电机"回路切换开关的市电模式切换到发电机电源档，由发电机供电。待市电恢复后，发电机组继续运行15分钟，直到确认市电供电稳定后，恢复市电接入，停止发电机运行。发电机停止工作后，设备管理人员将"市电—发电机"回路切换开关由发电机模式切换回市电电源档供电。

e. 在非工作时间的电源监控，由机房集中监控系统通过短信自动报警通知工程科和设备管理人员，由设备管理人员及时赶到中心机房，会同值班人员根据停电情况采取相应措施。

4）工作要求：①保证业务数据不丢失；②保证信息中心正常运转。

5）应急时限：4小时。

（2）UPS故障应急预案。

1）预案适用：UPS故障。

2）预案等级：2～4级。

3）应急流程：安吉县赋石水库中型灌区续建配套与节水改造信息化系统中心机房UPS不间断电源为由1组独立的UPS系统组成，在线时间超过1小时。

a. 若机房环境监控系统发出UPS报警通知，机房值班人员和设备管理人员在接到通知后应立即与相应供应商联系修复故障。

b. 当UPS出现故障，则由UPS转至旁路给予供电，在市电不停的情况下将不会使机房设备产生中断。在供应商排除故障后，切回原路。

4）工作要求：①保证业务数据不丢失；②保证信息中心正常运转。

5）应急时限：4小时。

（3）空调故障应急预案。

1）预案适用：信息中心空调故障。

2）预案等级：2～4级。

3）应急流程：本项目建成后机房使用的是精密空调。

如果精密空调发生故障，机房当班人员接到空调报警通知后，首先马上联系供应商排除故障，同时应及时采取如下措施：打开机房所有门，加大机房内外的空气循环，延缓机房温度的上升；开排风扇及电扇进行降温、排气；在效果不明显的情况下，动用联系好的冰块供应商在机房内放置冰块吸引热量，降低、延缓温度上升；动用增湿设备（依情采用临时性家用增湿器）等临时设备，尽可能满足中心设备运作环境要求。如为墙体或窗户渗漏水，应立即通知相关部门进行维修。

4）工作要求：①保持机房清洁、温度、湿度；②修好渗水设施或设备。

5）应急时限：12 小时。

（4）火灾事件应急预案。

1）预案适用：信息中心机房发生火灾。

2）预案等级：1～4 级。

3）应急流程：

a. 切断机房市电及 UPS 供电线路，启动应急照明系统。

b. 立即拨打 119 火警电话，详细告知火灾发生地点、楼层、过火面积及起火设备类型等信息。

c. 保证机房门窗关闭，防止空气进入，造成对流。

d. 利用机房自动（手动）灭火设备控制火情蔓延，同时等待消防部队到来。

e. 消防部队到来后，配合进行灭火工作。

4）工作要求：

a. 机房环境设备的运行情况。

b. 检查信息系统设备的运行情况。

c. 检查相关信息系统软件的运行情况。

d. 检查信息系统数据情况。

e. 保证信息中心正常运转。

f. 查清财产损失。

5）应急响应时限：2 分钟～1 小时。

邻近区域起火，机房当班人员应通过直接观察迅速判明情况，并立即向应急小组报告。报告的同时要组织做好人员撤离、关机、数据转移和灭火的必要准备，视火情发展和领导指示采取进一步的对应措施。

（5）水灾事件应急预案。

1）预案适用：信息中心机房出现渗漏水。

2）预案等级：2～4 级。

3）应急流程：

a. 空调系统出现渗漏水，应立即将机房内的积水清除干净，如渗漏水较为严重，应立即停止故障空调，并即时联系设备供应方进行处理，必要情况下可以临时用电扇对服务器进行降温。

b. 如为墙体或窗户渗漏水，应立即通知相关部门进行维修。

4）工作要求：①保持机房清洁、温度、湿度；②修好渗水设施或设备。

5）应急时限：12 小时。

2. 系统主机类

（1）黑客攻击应急预案。

1）预案适用：当各种网络和业务系统出现黑客攻击的情况。

2）预案等级：2～4 级。

3）应急流程：

a. 及时通知渠管所信息化工作领导小组、工程科、各相关业务科室领导、公安部门、地方网络安全应急响应中心、互联网应急服务支撑单位。

b. 检查网络和业务系统当前账户信息（如登录授权、进程运行情况、服务程序运行、入侵检测日志、防火墙日志等），备份当前各安全管理及设备的系统日志和授权访问日志、故障信息。

c. 隔离被怀疑受攻击和被修改的设备，恢复系统，使用最小授权原则分配系统授权。

d. 对被隔离设备进行检测，保存被破坏的设备及信息交公安部门。

e. 恢复运行系统环境，并写出故障分析报告。

4）工作要求：①保证设备正常运转；②各业务科室工作不受影响。

5）应急时限：4 小时。

（2）软件系统故障应急预案。

1）预案适用：软件系统出现故障、崩溃、瘫痪。

2）预案等级：2～4 级。

3）应急流程：

a. 及时通知渠管所信息化工作领导小组、工程、各相关业务科室领导。

b. 容错服务器自动启动接管业务应用。

c. 通知云服务提供商排除故障。

d. 故障排除，重启系统成功，则检查数据丢失情况，利用备份数据恢复。

4）工作要求：①恢复服务器系统和数据；②保证信息中心正常运转；③各业务科室工作不受影响。

5）应急时限：3 小时。

（3）业务数据损坏应急预案。

1）预案适用：当各种业务系统数据出现损坏、丢失、不一致等数据不可用的情况。

2）预案等级：2～4 级。

3）应急流程：

a. 及时通知渠管所信息化工作领导小组、工程科、各相关业务科室领导。

b. 检查业务系统当前数据（如创建日期）、备份当前数据。

c. 调用备份服务器备份数据（如果备份数据损坏，则调用存储设备中历史备份数据）。

d. 如果超过 4 小时，则通知业务部门以手工方式开展业务。

e. 检查历史数据和当前数据的差别，由相关系统业务员补录数据。

f. 重新备份数据，并写出故障分析报告。

4）工作要求：①保证设备正常运转；②各业务科室工作不受影响。

5）应急时限：4 小时。

3．计算机网络类

（1）通信链路故障应急预案。

1）预案适用：通信线路中断、路由故障、流量异常、域名系统故障。

2）预案等级：3～4 级。

3）应急流程：

a．当发生某条通信线路中断、路由故障、流量异常、域名系统故障后，操作员应及时通知工程科，工程科经初步判断后及时上报渠管所信息化工作领导小组。

b．工程科接报告后，应及时查清通信网络故障位置，隔离故障区域，并将事态及时报告渠管所信息化工作领导小组。

c．如属于自由链路，则通知相关维护单位查清原因；同时及时组织相关技术人员检测故障区域，逐步恢复故障区与服务器的网络连接，恢复通信网络，保证正常运转。

d．如属于运营商链路，则通知相关通信网络运营商查清原因；同时及时组织相关技术人员检测故障区域，逐步恢复故障区与服务器的网络连接，恢复通信网络，保证正常运转。

e．如属政府电子政务网或线路提供部门管辖范围，立即与政府信息办或线路提供维护部门联系，要求修复。

4）工作要求：①保障网络链路通畅；②保证信息中心正常运转；③各业务科室工作不受影响。

5）应急时限：3 小时。

（2）网络病毒爆发应急预案。

1）预案适用：网络出现病毒感染。

2）预案等级：2～4 级。

3）应急流程：

a．通过安全设备找到被病毒感染机器，要求相关用户切断病毒源与网络系统的连接。

b．及时通知渠管所信息化工作领导小组、工程科、各相关业务科室领导和相关科室人员。

c．启动服务器杀毒软件，检测服务器是否感染病毒。

d．要求各工作站用户自行杀毒。

e．网络安全员到被病毒感染机器清除病毒。

4）工作要求：

a．清除网络病毒，恢复数据，恢复被感染机器的系统和应用软件。

b．保证网络和信息系统的正常运转。

5）应急时限：4 小时。

（3）核心设备硬件故障应急预案。

1）预案适用：当核心设备硬件（如防火墙、负载均衡、交换机、服务器等）出现故障。

2）预案等级：2～4级。

3）应急流程：

a. 查看设备指示灯，确定故障设备及故障原因。

b. 通知各级指挥部、领导小组、工程科领导、上级业务部门领导、相关主管部门领导。

c. 如故障设备在短时间内无法修复，应启动备份设备，保持系统正常运行。

d. 将故障设备脱离网络，进行故障排除工作。

e. 如果故障排除，在网络空闲时期，替换备用设备。

f. 故障仍然存在，立即联系相关厂商。

g. 填写设备故障报告单。

4）工作要求：①保证网络正常运转；②各业务科室工作不受影响。

5）应急时限：2小时。

5.2.3.6 应急预案后期处置

1. 善后处理

在应急处置工作结束后，应急工作小组要迅速采取措施，抓紧组织抢修受损的基础设施，减少损失，尽快恢复正常工作。统计各种数据，查明原因，对事件造成的损失和影响以及恢复重建能力进行分析评估，认真制定恢复重建计划，并迅速组织实施。最后，要将善后处置的有关情况报应急领导小组。

2. 调查评估

应急处置工作结束后，应急工作小组应立即组织有关人员和专家组成事件调查组，对事件发生及其处置过程进行全面的调查，查清事件发生的原因及损失情况，总结经验教训，写出调查评估报告，报应急领导小组。

3. 突发信息网络事件记录表

突发信息网络事件记录表见表5.2。

表 5.2　　　　　　　　　　　　突发信息网络事件记录表

启动预案等级			
事件发生部门环节			
事件发生时间			
事件发生地点			
事件发生情况			
预案执行情况			
预案执行结果			
存在问题和改进意见			
备注			
记录人		负责人	

5.2.3.7 应急预案保障措施

1. 应急装备保障

重要网络与信息系统在建设系统时应事先预留一定的应急设备，建立信息网络硬件、软件、应急救援设备等应急物资库。在机房与信息系统安全突发事件发生时，报应急领导小组同意后，由应急工作小组负责统一调用。

2. 数据保障

重要信息系统均应建立容灾备份系统和相关工作机制，保证重要数据在受到破坏后，可紧急恢复。各容灾备份系统应具有一定的兼容性，在特殊情况下各系统间可互为备份。

3. 应急队伍保障

安吉县赋石渠道管理所工程科是机房与信息系统安全的主要技术支持机构，我方会派专人加强和该技术支持机构的配合，提高机房与信息系统安全的保障能力。

5.2.3.8 应急预案监督管理

（1）要充分利用安吉县赋石渠道管理所内部各种传播媒介及有效的形式，加强机房与信息系统安全突发事件应急和处置的有关法律法规和政策的宣传。

（2）建立应急预案定期演练制度。通过演练，发现应急工作体系和工作机制存在的问题，不断完善应急预案，提高应急处置能力。

（3）对在机房与信息系统安全突发事件应急处置中作出突出贡献的集体和个人，给予表彰奖励；对在机房与信息系统安全突发事件预防和应急处置中有玩忽职守、失职、渎职等行为，依法依规追究责任。